绿色纺织材料之
纳米纤维素

卢麒麟　李永贵　主编

中国纺织出版社有限公司

内 容 提 要

本书围绕绿色纺织材料、纳米纤维材料的开发及应用，全面系统介绍绿色纺织材料的研发、制备、设计、应用中的理论问题、共性问题、热点问题和前瞻性问题，涉及典型绿色纺织材料及纳米纤维材料应用和性能评价的思路、途径和方法。本书可为纺织服装材料应用技术人员解决实际工作难题提供参考，也可为服装设计师带来启发。

图书在版编目（CIP）数据

绿色纺织材料之纳米纤维素 / 卢麒麟，李永贵主编. -- 北京：中国纺织出版社有限公司，2022.11
ISBN 978-7-5180-9830-9

Ⅰ.①绿… Ⅱ.①卢… ②李… Ⅲ.①纺织纤维—纳米材料 Ⅳ.① TS102

中国版本图书馆 CIP 数据核字（2022）第 163995 号

责任编辑：魏 萌 苗 苗　　责任校对：高 涵
责任印制：王艳丽

中国纺织出版社有限公司出版发行
地址：北京市朝阳区百子湾东里 A407 号楼　邮政编码：100124
销售电话：010—67004422　传真：010—87155801
http://www.c-textilep.com
中国纺织出版社天猫旗舰店
官方微博 http://weibo.com/2119887771
三河市宏盛印务有限公司印刷　各地新华书店经销
2022 年 11 月第 1 版第 1 次印刷
开本：787×1092　1/16　印张：12
字数：228 千字　定价：78.00 元

凡购本书，如有缺页、倒页、脱页，由本社图书营销中心调换

前言

　　21世纪人们对纺织品的要求是要符合绿色、环保、低碳的发展理念，因此具有较高的附加值以实现功能化的织物逐渐受到人们的青睐。因此，大力发展绿色纺织材料和生态纺织品，使纺织材料成为真正的生态环保材料是十分必要的。绿色纺织材料是代表纺织、材料、轻化及相关领域科技发展水平的新型纤维材料，因其符合绿色低碳的发展理念，以及成为智能织物的发展性而在纺织服装、材料化工、智能材料等领域具有广阔的应用前景。纳米纤维素来源广泛，是一种丰富的可再生资源和生物可降解纤维材料，相较于传统的纺织材料，纳米纤维素由于其优异的生物相容性、超精细结构、高比表面积、高杨氏模量、特异的光电性能及易于改性的特点，成为当下绿色纺织材料和智能纤维领域的研究热点。

　　目前，纳米纤维素的制备方法有酸水解法、物理法和生物法。酸水解法可以实现快速、高得率的制备，但一般使用强酸水解，腐蚀性大、后处理困难。常规物理法一般需要高压或高强度研磨、超声处理，对设备要求较高，能耗较高。生物法成本比较高，制备周期长。因此，在纳米纤维素制备过程中，如何实现清洁、绿色、高效生产是关键。经研究，将机械力化学技术引入纳米纤维素的制备，取得了较好的效果。机械力化学法能够增加反应体系能量、增强物质颗粒的反应活性，提高反应速率、生产效率，降低成本且环境友好，可同步实现纤维素的微纳米化及功能化修饰，因此该方法在对纤维素进行定向设计、分子修饰和功能化方面具有显著优势。

　　本书综合了笔者近年来有关纳米纤维素制备、结构修饰、功能应用等方面的研究成果，包括纳米纤维素的绿色、高得率制备，基于机械力化学作用的纳米纤维素的结构修饰，纳米纤维素功能材料的设计与组装等。本书共分为五章，第一章为纳米纤维素概述，介绍了纳米纤维素的基本概念、研究进展和发展趋势；第二章为纳米纤维素的绿色高得率制备，深入研究了纳米纤维素的几种绿色制备方法；第三章为羧基纳米纤维素的"一锅法"制备，分析了基于固体催化剂氧化降解纤维素原料一步法获得羧基化纳米纤维素的方法；第四章为基于机械力化学作用的纳米纤维素结构修饰，重点阐述了机械力化学作用下纳米纤维素结构修饰机理；第五章为纳米纤维素功能材料，揭示了纳米纤维素在构筑超分子复合材料、荧光凝胶材料及化学传感领域的应用。本书具有较高的理论和学术价值，为纳米纤维素的绿色高效制备和高附加值利用提供了重要的科学依据和研究方法，为新型绿色纺织材料的开发和应用提供了理论基础。本书可作为纺织院校纺织工程、非织造材料与工程、纺织材料、高分子材料等专业师生的参考用书，也可供其他相关专业师生、纺织企业和科研院所的工程技术人员参阅。

本书由卢麒麟、李永贵主编，福建农林大学黄彪教授负责主审。感谢团队成员吴嘉茵、王汉琛通力协作，确保了本书的顺利出版。感谢课题组成员汪雪琴、林雯怡、胡阳、张松华，为本书提供了丰富的资料。本书的研究工作得到了福建省科技创新重点项目（2021G02011）、福建省自然科学基金项目（2021J011034）、福州市科技计划项目（2021-S-089）、闽江学院引进人才科研项目（MJY18010）、闽江学院青年人才优培计划的资助，笔者在此特表殷切谢意。

笔者在编写本书的过程中始终保持着认真严谨的态度，但由于笔者水平有限，书中不足之处在所难免，恳请广大读者和同行批评指正。

编者

2022年6月于福州

目录

第一章

纳米纤维素概述 ·· 1

第一节　纳米纤维素的特性··································· 2

第二节　纳米纤维素的制备及表征分析··················· 4

第三节　纳米纤维素修饰方法····························· 11

第四节　纳米纤维素的应用······························· 16

参考文献··· 25

第二章

纳米纤维素的绿色高得率制备····················· 41

第一节　对甲苯磺酸绿色制备纳米纤维素················· 41

第二节　胶体磨辅助磷酸水解制备纳米纤维素及其衍生物··· 46

第三节　纤维素酶绿色高效制备纳米纤维素··············· 69

参考文献··· 82

第三章

羧基纳米纤维素的"一锅法"制备················· 85

第一节　微波—超声协同草酸水解高效制备羧基纳米纤维素····· 86

第二节　过硫酸铵氧化降解制备羧基纳米纤维素··········· 104

参考文献……………………………………………………………… 114

第四章
基于机械力化学作用的纳米纤维素结构修饰 …………… 117
第一节 胺化纳米纤维素………………………………………… 117
第二节 纳米纤维素柠檬酸酯…………………………………… 127
参考文献……………………………………………………………… 137

第五章
纳米纤维素功能材料 ……………………………………… 141
第一节 纳米纤维素超分子复合膜……………………………… 141
第二节 氯离子响应荧光纳米纤维素凝胶……………………… 159
参考文献……………………………………………………………… 180

第一章

纳米纤维素概述

林产资源作为森林资源的重要组成部分，如何高效利用林产品，如何将其转换成高附加值的产品是当前研究的热点。因此，对其深入地研究开发将具有重要的意义。本章描述纤维素和纳米纤维素的概况及研究现状，阐述纤维素的化学超分子结构和物理化学特性；对纳米纤维素的制备、表征的研究现状进行评述，并总结纳米纤维素，特别是其在复合材料领域的应用情况。

纳米材料和技术涉及的领域极为广阔，从物理、化学、能源、信息科学到生物和医学等专业领域，几乎无所不包，且涉及的领域还在不断地加深和拓展，出现了像纳米材料学、纳米药物学、纳米生物学、纳米电子学、纳米化学等新概念、新名词[1]。

将纳米新技术应用于林产工业，开发具有高附加值的林化产品，加大对生物质资源的开发和利用，这对我国经济发展有着重要的现实意义和战略意义。而纤维素是一种取之不尽、用之不竭，可降解无污染的天然高分子聚合物，每年植物通过光合作用合成大量的纤维素，可达几百亿吨[2]。纤维素以其生物可降解性、广泛的化学改性能力、较高的弹性模量等极其优越的性质，在纺织、造纸、木材等工业领域有着广泛的重要用途，且在这些领域已应用得比较成熟。但其作为一种天然高分子物质，无论是在物理形态，还是化学性能上都存在某些缺陷，如热解性能差、不耐化学腐蚀、强度有限等，这在很大程度上限制了纤维素的开发利用[3]。将纤维素经过纳米技术处理后，如物理机械处理、化学处理、生物处理等，得到纳米级纤维素，利用其小尺寸效应、量子效应、表面效应和宏观量子隧道效应等，使其吸附、催化、扩散烧结、电、磁、光等物理、化学、力学性能显著提高，在材料化工领域展现出更为广阔的应用前景[4]。

第一节　纳米纤维素的特性

纳米纤维素衍生自天然纤维素，是一种来源广泛、价格低廉、可再生、可生物降解、不可熔化的聚合物材料，由于氢键和结晶性，它们不溶于大多数溶剂。纳米纤维素不仅具有纤维素的基本结构和性能，还具有区别于天然纤维素的纳米颗粒的特性。第一，与天然纤维素相比，它具有非常高的强度（7500MPa）和杨氏模量（140GPa）。第二，它的化学反应活性比纤维状的纤维素大得多，可用于纤维素的化学改性；因其水悬浮液呈稳定的胶状液可作为药物赋形剂；纳米纤维素能耐高温和低温，具有乳化和增稠的作用，可作为食品添加剂[5]。第三，它具有巨大的比表面积（150~250m²/g），其尺寸效应和量子隧道效应引起的化学、物理性质方面的变化会明显改变材料的光、电、磁等性能，可在一定程度上优化纤维素的性能，使其在精细化工、材料等领域具有更广阔的应用前景[4, 6]。

根据纳米材料的定义，纳米纤维素至少一维尺寸小于或等于100nm，可根据其制备过程分为五类：纤维素纳米纤维（cellulose nanofibrils，CNF），纤维素纳米晶体（cellulose nanocrystalline，CNC），微纤化纤维素（microfibrillated cellulose，MFC），细菌纳米纤维素（bacterial nanocellulose，BNC）和电纺纤维素（electrospun cellulose，ECC）。

纳米纤维素可以从各种植物资源中提取，常用的如微晶纤维素（microcrystalline cellulose，MCC）、木浆、棉花、麻类、细菌纤维素及农作物废弃物等。将微晶纤维素生物质中的纤维素通过机械法、化学法或酶法分解可制成纳米尺寸的材料[7-9]。由不同原料、不同方法制备的纳米纤维素通常在形态、大小、尺寸上存在较大的差异。各种纤维素原料制备的纳米纤维素的形貌及尺寸差异情况见表1-1。

表1-1　各种纤维素原料制备的纳米纤维素的形貌及尺寸

纤维素原料	长度 L/nm	直径 D/nm	长径比 L/D	形貌	参考文献
MCC	500	10	50	棒状	Pranger and Tannenbaum（2008）[10]
木浆	100~300	3~5	20~100	棒状	Beck-Candanedo et al.（2005）[11]
棉花	100~150	5~10	10~30	棒状	Araki et al.（2001）[12]
细菌纤维素	100~1000	10~50	2~100	微纤丝	
苎麻	50~150	5~10	5~30	棒状	Junior de Menezes et al.（2009）[13]
剑麻	100~500	3~5	20~167	棒状	De Rodriguez et al.（2006）[14]
被囊类动物	1160	16	73	棒状	de Souza Lima et al.（2003）[15]
蔗渣	10~20	10~20	1	球形	Li et al.（2012）[16]

续表

纤维素原料	长度 L/nm	直径 D/nm	长径比 L/D	形貌	参考文献
葡萄皮	10 ~ 100	10 ~ 100	1	球形	Lu and Hsieh（2012）[17]
麦秸	1000 ~ 2500	10 ~ 80	13 ~ 250	微纤丝	Alemdar and Sain（2008）[18]

物质除了固态、液态、气态三种状态外，在特定的条件下，还存在液晶态、等离子态、中子态等状态。其中液晶是介于液体和晶态之间的一种有序态，故它既有液体一样的流动性，又有类似晶体一样的各向异性。要形成液晶态，需要分子具有适当的刚性和较大的长径比。而大多棒状的纳米纤维素晶须长径比可达到100，甚至更大，其具有强烈的自动剪切取向的趋势，满足形成液晶的条件。用酸法制备的棒状纳米纤维素可以形成有序的液晶相，在偏光下，纳米纤维素胶体悬浮液可以产生指纹结构现象，如图1-1所示。产生这种液晶特征现象的原因可能是纤维素微晶产生了平行取向排列，后来发现不同原材料制备的纤维素微晶悬浮液也能形成相似的手性向列相液晶结构，如木浆、棉花、苎麻和细菌纤维素等[19]。纤维素微晶能够自动取向形成液晶相，这种自动取向强烈地受到剪切速率的影响。因此，Marchessauh等将这个体系作为研究棒状颗粒的流变行为的模型[20]。

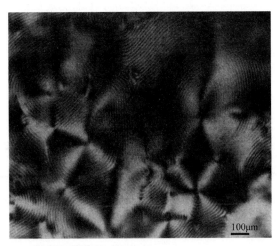

100μm

图1-1　偏光下纤维素晶须水悬浮液（3%+0.1%）的指纹结构[20]

纤维素经化学降解得到的纳米纤维素晶体表面通常带有电荷，因此可把纳米纤维素晶体看作一种聚电解质。利用纳米纤维素晶体这种聚电解质建立一个模型，研究聚电解质的相关理论，如静电相互作用力、水合作用、空间位阻、氢键作用力等聚电解质性质，以及这些作用力对纳米纤维素悬浮液的相分离变化产生的重要影响[21]。

纳米纤维素独特优异的理化性质，使纳米纤维素成为理想的纳米材料，在造纸、食品工业、生物学和医学等领域得到广泛应用[22]。但仍存在产率低、制备时间长、耗能大及环境污染大等问题[23, 24]。因此，在纳米纤维素的制备过程中，如何提高纤维素的化学反应活性是关键问题。在纤维素衍生物材料的制备过程中，体系化学反应活性的提高与反应活化能的降低是其关键，所以如何绿色、高效地分离纳米纤维素，以及如何提高纤维素基衍生材料体系的反应活性对创制纤维素基先进功能材料有着至关重要的作用。

第二节　纳米纤维素的制备及表征分析

一、纳米纤维素的制备

（一）化学法

1.酸水解

传统化学法制备纳米纤维素是使用强酸水解法，是因为纤维素分子之间的β-1，4糖苷键是一种缩醛键，对酸非常敏感，酸在反应中起一个催化剂的作用，首先适当浓度酸电离出的氢离子进入纤维素的内部，破坏纤维素分子中的无定形区，使其发生降解，再渗透进入结晶区中晶型有缺陷的部分使其降解，保留纤维素的结晶区得到纳米纤维素，如图1-2所示[25]。在水解过程中，酸的种类对所制备的纳米纤维素的性能有着重要的影响。例如，通过盐酸水解获得的CNCs由于其表面带有较少的负电荷，从而使纳米颗粒之间比较容易产生团聚现象[26, 27]；而采用硫酸水解得到的CNCs表面带有大量的负电荷——硫酸酯基团[28]，由于电荷之间存在较强的排斥作用，从而容易分散在水中。

在酸水解处理之前，可以用二甲基亚砜处理以使生物质基质膨胀，使酸可以容易地扩散到木质纤维素生物质的域结构中并且分解出纳米晶须[29]。在酸处理方法中，纳米纤维素的产量取决于木质纤维素生物质的含量和反应条件，随着酸处理时间的延长，纳米纤维素的产量及纳米尺寸减小，需要优化酸浓度、时间和温度等实验参数以获得最大产量并保持纳米纤维素形态。

最早由Nickerson和Habrle在1947年发现用盐酸和硫酸溶液煮沸纤维素纤维，其无定形区的纤维素分子链首先断裂，处理后可以得到纤维素晶体，长度为110～280个葡萄糖单元[30]。受此启发，1951年Rånby用酸水解木纤维制备出了纳米纤维素悬浮液，并对此胶体悬浮液的性质进行了研究，所制备的纤维素胶粒由100～150个分子链构成[31]。不同的纤维素原料制备的纳米纤维素，其形貌和表现的性能差异较大。近年来，大量研究者把各种生物质资源通过酸水解制备出了各种形貌和性能的纳米纤维素。Tang等[32]以棉纤维为原料通过硫酸水解，并对其工艺进行优化，成功制备了稳定的CNC悬浮液，得率达60%以

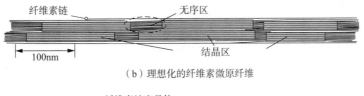

（a）单个纤维素链重复单元的示意图

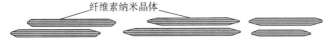

（b）理想化的纤维素微原纤维

（c）酸水解后的纤维素纳米晶体溶解了无序区[25]

图1-2　酸水解前后纤维素示意图

上且研究表明硫酸浓度对CNC的得率影响最大。Bondeson等[33]将挪威云杉硫酸水解并通过响应面法对工艺进行优化，研究表明，当硫酸浓度为63.5%、反应时间为2h时，得到直径小于10nm，长度大约为200～400nm呈棒状结构的纳米纤维素（CNC）。Lu等用酿制夏敦埃酒剩下的葡萄皮剩余物制备出了核壳结构的纤维素纳米粒子，其形貌似葡萄串，粒径为10～100nm[17]。Alemdar等利用麦秸和大豆壳制备出了棒状的纳米纤维素晶体，并对这两种来自不同原料的纳米纤维素进行了对比研究[21]。

　　除此之外，其他强酸如磷酸、盐酸等也可用来降解纤维素制备纳米纤维素[34]。以固体酸替代无机酸是绿色化学的研究方向之一[32]，故近年来有研究也尝试采用固体酸，如活性炭负载磷钨酸进行纳米纤维素的制备研究等；又如，唐丽荣等采用阳离子交换树脂催化制备了稳定性较好的球形的纳米纤维素，粒径为25～50nm。离子交换树脂等固体酸具有可重复使用、对设备腐蚀小和对环境污染小等优势，且制备过程对纤维素降解损伤小。此外，通过在纤维素水解过程引入催化剂促进水解可获得纳米纤维素，其中用具有多种优异性能的离子液体催化剂制备纳米纤维素是一种绿色方法[35]。

　　2.氧化降解

　　通过氧化剂降解纤维素亦能制备纳米纤维素。当前，主要氧化剂是TEMPO（2，2，6，6-四甲基哌啶氧氮自由基）氧化体系，最常用的是TEMPO—NaBr—NaClO体系，其反应机理如图1-3所示。Saito等对这个体系在纤维素氧化方面做了大量的研究，不仅制备出了氧化纳米纤维素，还对氧化过程机理及降解的微观变化做了详细的分析[36,37]。过硫酸盐氧化降解纤维素亦可制备出羧基化纳米纤维素（氧化纳米纤维素），且可以直接把木质资源一步氧化降解成纳米级的纤维素，这主要是由于在一定条件下过硫酸盐产生的自由基和硫酸氢根离子不仅可以把木质素降解掉，还可以进入纤维素的无定形区，降解纤维素无定形区，留下结晶度较高的纤维素晶体。Leung等利用各种纤维素原料采用过硫酸盐一步法制备出了活性较高的羧基化纳米纤维素，并对其做了进一步的改性研究和中试放大[38]。此外，许家瑞等也用氯气氧化降解制备了纳米微晶纤维素[39]。

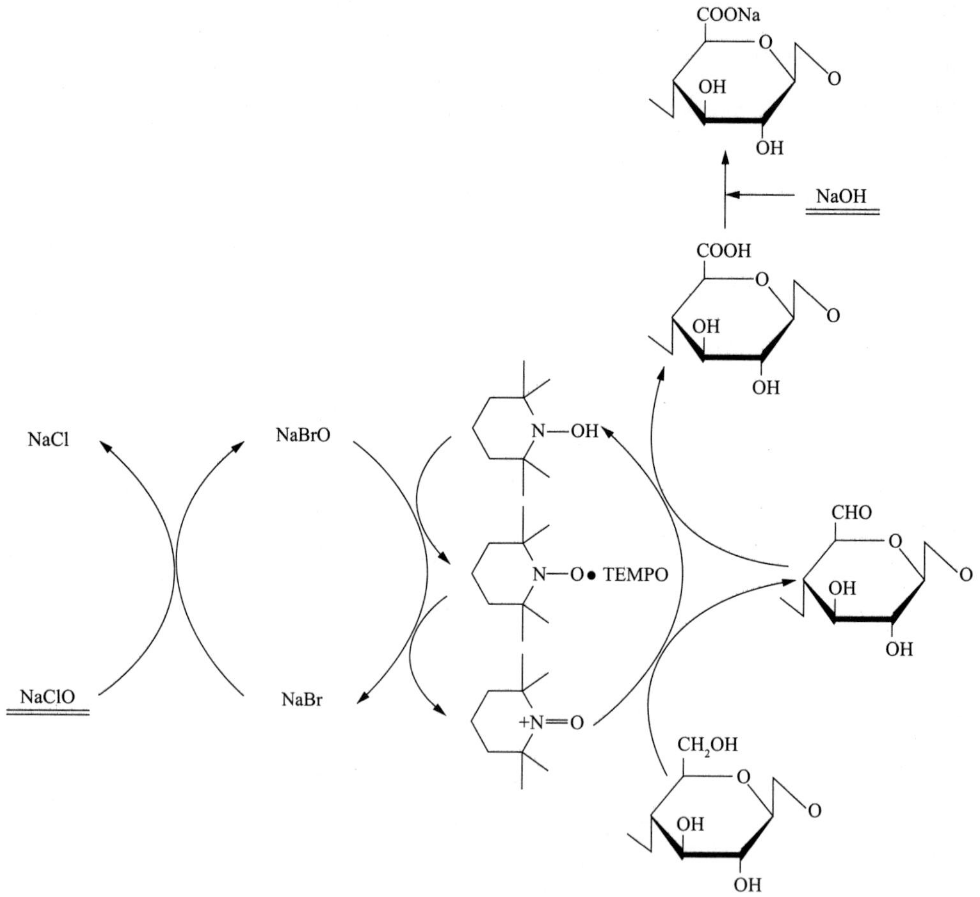

图1-3　TEMPO催化氧化纤维素的过程[36]

（二）物理法

物理法又称为机械法，其原理是通过机械研磨、超声或在高压均质机中进行剪切迫使纤维素分子链断裂，从而得到链段较短的纤维素晶体，再经过分离纯化得到纳米纤维素，如图1-4所示[40]。通过不同机械方法分离的纳米纤维素的扫描电镜图如图1-5所示[41]。

机械法制备的纳米纤维素一般为MFC，具有较高的长径比，在水溶液中呈现出胶状，且由于制备过程中高度微细纤维化后，其表面大量的极性羟基的暴露使纤维素的黏结力、稠性、保水能力增加。与化学法相比机械法对纤维素晶型结构和性质影响较小，不容易使纳米纤维素过度降解，缺点是制备出的纳米纤维素尺寸均一性比较差，且制备周期长、能耗高、也容易造成机器堵塞。

Herrick等[42]于20世纪80年代初首次通过高压均质的方法处理木质纤维原料获得的MFC，随后各种有关机械法制备纳米纤维素的研究开始出现，Oksman等利用木材生产乙醇后的剩余残渣，通过高压均质处理后制备出了纳米纤维素晶须，其热稳定性较硫酸水解制备的纳米纤维素好，其直径为10～20nm[43]。为了解决机械法能耗高的问题，对纤维原料进行一定的预处理，如Li等[22]首先通过离子液体对甘蔗渣进行预处理，此时纤维素能够得到充分润胀，甚至一部分溶解，然后通过高压均质机得到了直径为几十纳米的MFC，最佳处理条件是在80MPa压强下循环30次。潘明珠等[44]将纤维原料分散在一定浓度的硫酸溶液中，在20～60℃保持2～6h，脱酸后在100～120MPa压强下破碎，循环4～16次，同时进行低温冷却得到纳米纤维素，其直径为10～30nm，长度约300nm。陈文帅等[45]利用超声波植物细胞粉碎机的高强度超声波空化作用（超声功率1200W），制备了尺寸分布均匀的高长径比、网状缠结的杨木木粉纤维素纳米纤丝，证明高强度超声波处理有利于促进纤维素纤丝化。

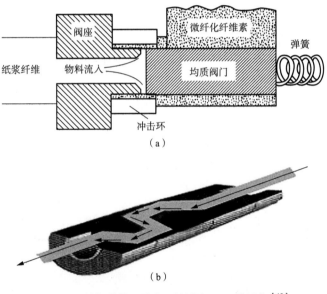

（a）

（b）

图1-4　使纤维单元壁分层以制造MFC的设备[40]

（三）生物法

细菌纳米纤维素（BNC）是由醋酸杆菌、葡糖醋杆菌、土壤杆菌和根瘤菌属等通过生物技术制备而成的，并在生物合成过程中控制形成纳米纤维素的形状及网络结构，直径为20～100nm，如图1-6所示[46]。与其他纳米纤维素不同的是，BNC作为一种非常纯的纳米纤维素，其表面除了羟基外没有其他的官能团，具有比较高的结晶度和弹性模量，高聚合度、高比表面积，生物相容性好，结构可调控等优点。也正是由于BNC的特性使纤维素材料拥有了新的功能特性，使其在食品（包装、成型剂、增稠剂、分散剂等）、医药（组织

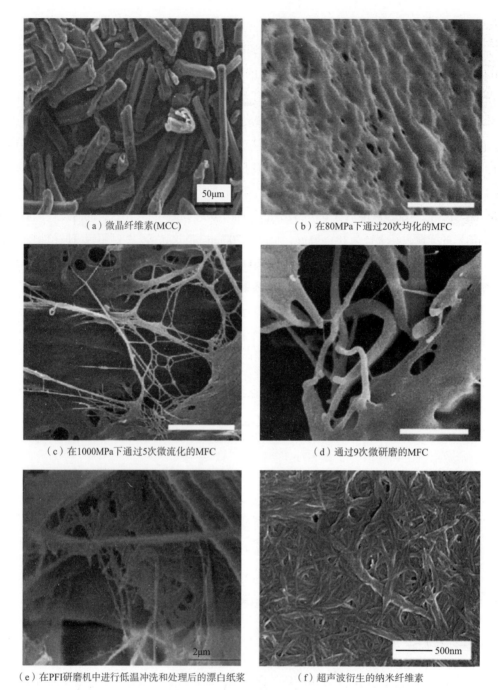

（a）微晶纤维素(MCC)　　　　　　　　　　　（b）在80MPa下通过20次均化的MFC

（c）在1000MPa下通过5次微流化的MFC　　　　　（d）通过9次微研磨的MFC

（e）在PFI研磨机中进行低温冲洗和处理后的漂白纸浆　　（f）超声波衍生的纳米纤维素

图1-5　纤维素的SEM图[41]

工程、伤口敷料）、精细化工领域有着广泛应用。

BNC最初是1886年由Brown[47]通过培养木醋杆菌得到的，其具有复杂的网络结构，空隙结构发达。Satyamurthy等[48]利用瑞氏木霉处理微晶纤维素（MCC）得到直径在100nm以下、长度150nm左右的纳米纤维素晶须，且获得纳米纤维素的表面未引入新的官

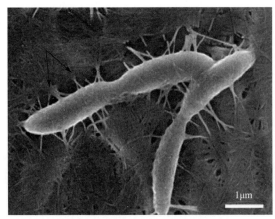
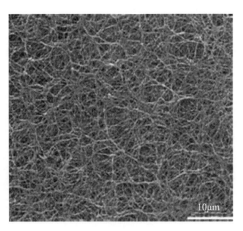

（a）形成纳米纤维素的葡糖醋杆菌　　　　　　　　（b）细菌纳米纤维素

图1-6　细菌纳米纤维素[46]

能团，在环保型复合材料和药物制剂等领域具有潜在的应用价值。朱昌来等[49]用红茶菌作菌种，通过茶水发酵制备细菌纳米纤维素。新鲜制备的细菌纤维素膜为无色透明胶冻状且表面光滑；经预处理后则呈乳白色半透明胶冻状。在扫描电镜下观察到细菌纤维素膜呈疏松的网状结构，在生物医学领域具有良好的应用前景。

利用酶反应的专一性，对纤维素的无定形区和有缺陷的结晶区进行选择性酶解，保留结晶区从而获得纳米纤维素，酶解处理过程如图1-7所示[50]。在此过程中，可能产生表面腐蚀、剥离、纤维化和切割现象，从而降低纤维素分子的聚合度。酶解法为低能耗的绿色过程，不仅可以提高产品的质量及纯度，还可以减少化学品用量，通过设计合理的酶解制备纳米纤维素工艺，可以实现环境零污染或低污染，再加上酶解反应在温和条件下进行，可获得性能良好的纤维素纳米纤维产物。而且酶本身为可再生物质，这对于高效利用可再生资源及保护环境具有重要意义。

Hayashi等[51]探究了纤维素酶对不同晶型（Ⅰα和Ⅰβ）的纤维素的影响，研究发现纤维素酶选择性优先水解Ⅰα纤维素，并由此通过这种选择性水解获得纳米纤维素。近年来，纳米纤维素制备较为高效的方法是将机械处理或酸水解与纤维素酶预处理结合起来制备出纳米纤维素。Jiang等[52, 53]对天然棉纤维进行超声预处理，然后用酶水解制备出保留了纤维素基本化学结构的CNC，其平均粒径约为6nm，其中大部分为球形，而其他为棒状。Henriksson等[54]将云杉木浆通过高压均质分别结合酶处理和酸处理成功分解出MFC，研究发现酶处理产生的MFC显示出更大的长径比和更高的分子量；卓治非等[18]采用PFI磨预处理纤维素酶水解竹子溶解浆制备纳米微晶纤维素，在酶解时间长达3天的条件下产率最高值为19.13%；An等[24]通过纤维素酶预处理来降低酸法制备纤维素纳米晶体的总酸用量，制备的纤维素纳米晶体得率为32.6%，硫酸浓度可从64%降低到40%。

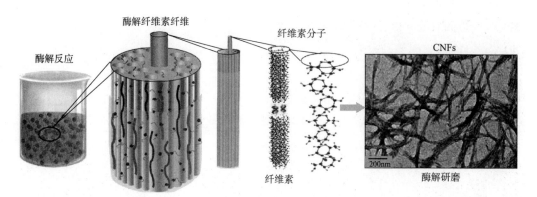

图1-7　酶预处理过程的示意图及CNF通过酶预处理和研磨制备的TEM图像，纤维素纤维在酶解液中的
形态和结构模式[50]

（四）静电纺丝法

近年来，将静电纺丝技术应用于纳米纤维素的制备研究已经引起了广泛的关注。用静电纺丝制备纳米纤维素主要有两种方法：①纤维素溶于合适的溶剂后直接通过静电纺丝制备出纤维素纳米纤维；②纤维素衍生物通过静电纺丝后，水解即可得到纤维素纳米纤维。Rodriguez等使用多种溶剂通过静电纺丝技术制备出醋酸纤维素纳米纤维素膜，经脱乙酰基处理后，水解即可得到纤维素纳米纤维素膜[55, 56]。张丽娜利用NaOH/尿素水溶液在低温下溶解纤维素，为了增加可纺性，加入助剂后通过静电纺丝制备出直径为400nm的双组分纤维[57, 58]。采用静电纺丝技术制备纳米纤维素的其他溶剂有离子液体、LiCl/DMAc溶剂、NMMO溶剂等。采用静电纺丝直接制备纳米纤维素的过程操作简单、制备的纳米纤维素性能稳定且直径较小，但是成本较高，且适合纺丝的溶剂较少。

（五）机械力化学法

机械力化学法（mechanochemical process）是通过机械能诱发化学反应的产生及诱导物质的结构或性质的改变，从而制备新材料或改性材料的方法。在机械力化学作用下，通过机械力的不同作用方式，如研磨、剪切、分子撞击等，促进了能量累积，可在物料界面产生瞬间的微区高温高压，同时，在化学试剂及热力的共同作用下，物料理化性质和结构发生了较快、较大的变化，提高了体系的反应活性，激发并加速了化学反应，导致纤维素分子链断裂从而形成纳米纤维素[52, 53]，且由于机械力化学效应，纤维素与其他化合物、单体进行反应、重构，形成接枝或嵌段共聚物，这样即可同步实现纤维素的微纳米化及功能化修饰[54]，因此该方法在对纳米材料进行定向设计、分子修饰和功能化等方面具有明显优势。

对机械力化学效应的研究最初在20世纪50年代，Takahashi[59]发现当长时间研磨黏土时，不仅有部分水脱落，同时黏土化学结构也发生了变化。高能球磨是一种常用机械处理方法，不仅使物料混合充分且在球与颗粒碰撞瞬间产生的局部高温高压可以被用于诱发低温化学反应同时促进了能量累积。此外，材料经过高能球磨后在吸附、溶解和催化等方面的理化性质有所提高[60]。Avolio等[61]研究了在干法球磨下纤维素形貌结构、晶体结构及其性能的变化。超声波处理也是一种易于操作且能有效促进化学反应发生的非常规方法。目前也有大量文献研究了超声波处理在纤维素降解与改性过程中的作用，如Guesmi等[62]就利用超声方法使棉纤维素阳离子化。Wong等[63]通过控制超声条件获得了改性细菌纤维素和植物纤维素。目前机械力化学方法在金属、无机材料的合成、磁性材料的研制、冶金等领域应用广泛，但在生物质复合材料的构筑及纳米材料的定向调控方面的应用还较少。

二、纳米纤维素的表征分析方法

对纳米纤维素进行表征的目的是更好地研究纳米纤维素的性能。当纳米纤维素及其复合材料制备出来以后，其目标性能可以通过相应的仪器设备进行测定。判定制备出来的纳米纤维素是否为纳米级，宏观上观察纳米纤维素悬浮液是否为胶体，因为胶体粒子的直径范围为1~100nm；其次利用电子显微镜可以直观地观察纳米纤维素的形貌及尺寸大小，透射电子显微镜（TEM）、扫描电子显微镜（SEM）和原子力显微镜（AFM）常被用来表征纳米纤维素的微观形貌。对于纳米纤维素的尺寸更多的是采用TEM来测定，SEM通常是用来表征纤维素原料的形态及纳米纤维素复合材料的表面结构。AFM尽管在分辨率方面逊色于TEM和SEM，但可以利用AFM对纳米纤维素的力学性能进行测定。Cheng等就利用AMF测定了直径为170nm的单根纤维素纳米纤维的弹性模量[64, 65]。此外激光散射技术、静态散射技术也用于纳米纤维素尺寸大小的测定表征[14, 66]。

表征纳米纤维素的化学结构还有傅里叶红外光谱仪（FTIR）、核磁共振波谱仪（NMR）及元素分析仪（EA）等，其中NMR和EA主要用于纳米纤维素表面化学改性领域；热重分析（TG）和差示扫描量热法（DSC）用于纳米纤维素的热稳定性研究；晶体结构和表面化学性能分别用X射线衍射仪（XRD）和X射线光电子能谱分析（XPS）来测定表征。这些仪器分析技术对于研究纳米纤维素的基础性能和特征具有重要的意义。

第三节　纳米纤维素修饰方法

纳米纤维素及其衍生物是纤维素的高附加值产品，对其开发研究已成为当前研究的热点。由于纳米纤维素的表面多羟基结构具有很强的极性，在非极性的介质中界面相容性差，其分子内和分子间的氢键结合作用使纳米纤维素产生团聚现象。为了改善纳米纤维素在不同溶剂和聚合物基底中的分散性和相容性，可对其进行表面化学改性，接枝上特定的官能基团，在获得具有特殊性能的纤维素衍生物的同时，拓展纤维素及纳米纤维素的应用领域。

化学改性的范围很广，包括防火耐热、耐微生物、耐酸、耐磨损，以及提高纤维素的湿强度、对染料的吸收性和黏附力等。纳米纤维素的纳米级尺寸具有高比表面积，确保了纳米纤维素表面上大量的羟基，可用于纳米纤维素表面的化学改性[67]，如酯化[68]、乙酰化[69]、烷基化[70]、酰胺化[71]、聚合物接枝[72]，引入各种官能团赋予其不同的功能特性。对纳米纤维素表面改性还能通过离子键、π—π键相互作用及氢键结合作用等非共价键作用，使纤维素表面吸附一些带有相反电荷的表面活性剂或一些聚电解质涂层从而使分散体系稳定。纳米纤维素的化学改性大体可分为三类：①在纳米纤维素上接枝的分子；②分子接枝到纳米纤维素上；③用小分子代替羟基[73]。纳米纤维素各种修饰方法如图1-8所示。此外，影响化学改性的因素有葡萄糖单元上 C_2、C_3、C_6 上游离羟基的反应活性及化学试剂接近羟基的难易程度。采用合适的溶剂对纤维素进行润胀、溶解能提高纤维素羟基的反应的可及度。

一、纳米纤维素的酯化改性

纳米纤维素表面具有大量的羟基，能与多种无机酸和有机酸发生亲核取代反应生成纤维素酯；一些有机酸及其衍生物如酸酐、酰卤在纳米纤维素表面发生 $O-$ 酰化反应从而引入各种脂肪族或芳香族基团。乙酰化是纳米纤维素酯化常用的方法。Sassi 等[74]将纳米纤维素在均相和非均相体系中乙酰化，通过对其透射电镜（TEM）和晶体结构（XRD）研究表明，晶体长度减小到一定程度时乙酰化随直径减小而正向进行且说明该乙酰化发生在纳米纤维素表面。Berlioz 等[75]在棕榈酰氯的气相条件下与冷冻干燥的BNC进行酯化反应，制备出取代度比较高的酯化纳米纤维素。Huang 等[76]以酰氯为酯化剂，通过机械球磨的方法将纤维素分散在有机溶剂中制备了酯化纳米纤维素。唐丽荣等[77]通过机械力化学法使纤维素酯化与纳米化同步进行，用17.5mol/L乙酸和18.4mol/L硫酸的混合物处理，然后超声分散得到了不同取代度的酯化纳米纤维素。

尽管机械力化学法制备酯化纳米纤维素已经取得了一些研究成果，但是仍然存在纳米纤维素干燥团聚，酯化取代度过低，改性过程中需要使用有毒试剂的缺点。纳米纤维素的酯化改性往往表现出高取代度化、绿色化，以及再次引入新的特殊官能团，给予材料特殊功能性的趋势。这不仅是出于对环境的保护，也是纳米纤维素在食品、医疗、包装等行业应用的健康和生产安全的保障。因此越来越多研究者们对纳米纤维素的绿色酯化改性工艺进行了更加深入的研究。Etzael 等[78]以苯乙酸和肉桂酸两种无毒羧酸（CA）作为接枝剂对纤维素纳米晶体（CNC）表面进行无溶剂酯化反应，通过水的蒸发驱动酯化反应进行，制备的纳米纤维

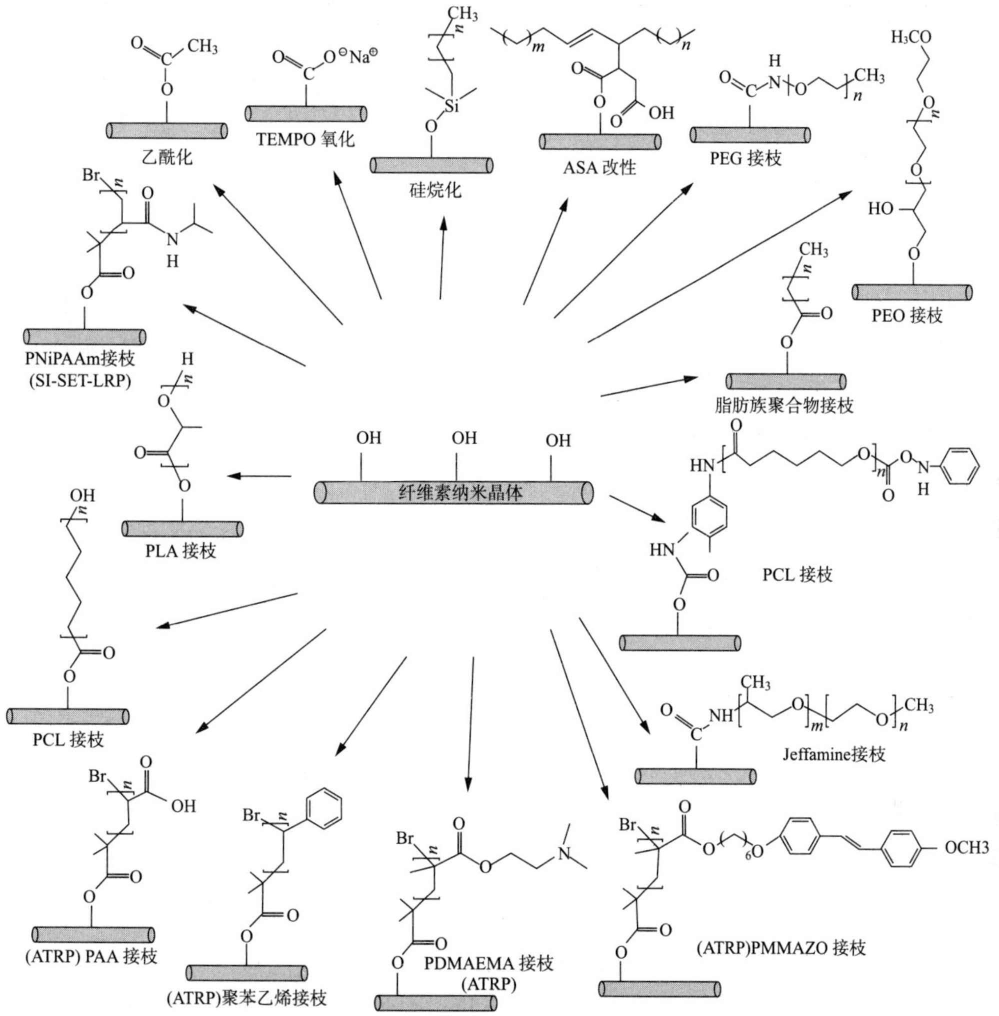

图1-8　纳米纤维素常见的化学改性示意图[67]

素的疏水性增加。Stephen 等以盐酸为催化剂，通过柠檬酸和丙二酸一步法对纤维素进行改性，并在聚乙烯醇（PVA）中添加改性的纳米纤维素来提高复合材料的热性能，反应流程如图1-9所示[79]。研究表明，柠檬酸改性的纳米纤维素在很大程度上提高了聚乙烯醇的热稳定性。近年来，虽然国内对酯化纳米纤维素的绿色化进行了研究，但鲜有报道。随着世界各国对环境污染问题的关注，化学反应的绿色、无毒化将是未来的趋势[80]。

二、纳米纤维素的非共价键改性

纳米纤维素的非共价键改性的一种重要方法是通过表面活性剂。表面活性剂分子是一种双亲性有机化合物，一端为亲水基团，另一端为疏水基团，能够在溶液表面定向排列使

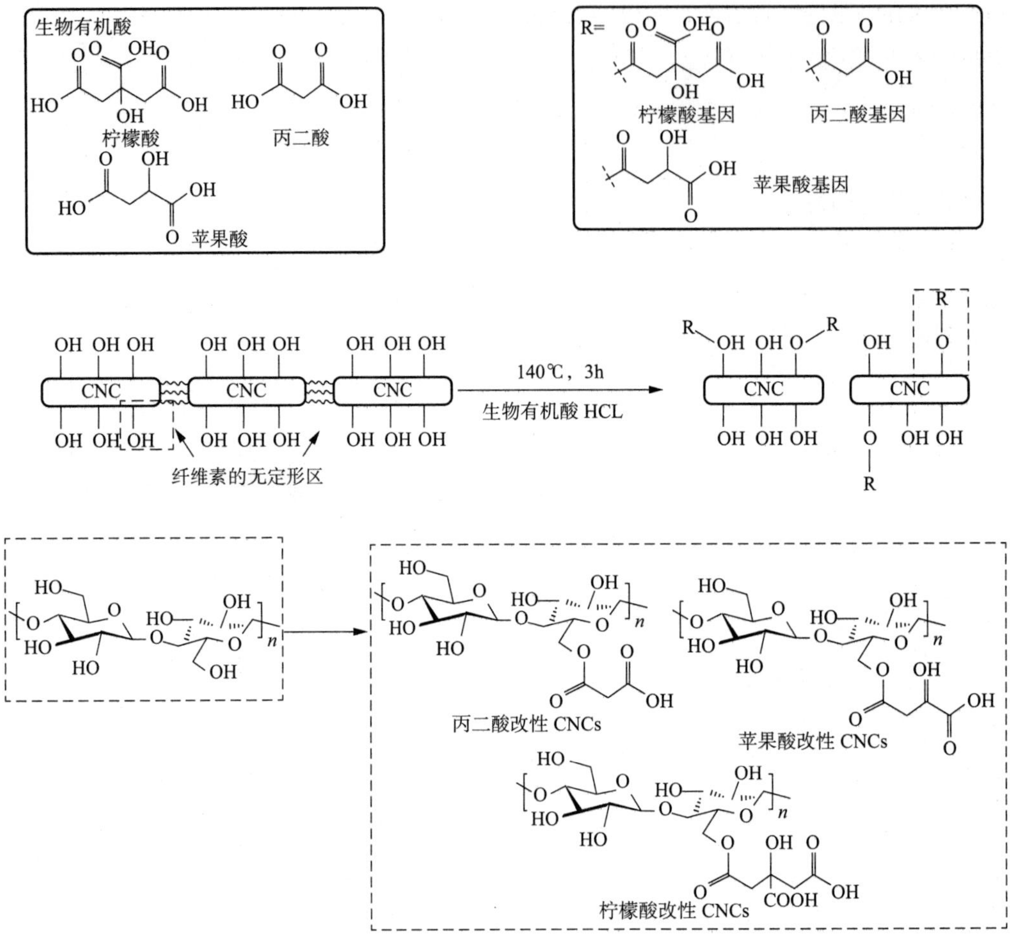

图1-9 一锅酸水解/费歇尔酯化改性CNC[79]

表面张力下降。与纳米纤维素表面结合时，表面活性剂的亲水性头部吸附在纳米纤维素的表面，疏水性尾端暴露在纳米纤维素分子外侧，从而在纳米纤维素的表面形成一层分子膜，阻止了粒子的相互接触，与此同时降低其表面张力，产生了空间位阻效应，使纳米纤维素不易发生团聚。

Heux等[81-83]人首次通过磷酸单酯和二酯与烷基酚组成的表面活性剂处理纤维素表面，结果发现表面活性剂在纳米纤维素表面形成1.5nm厚的折叠状薄膜，且在非极性溶剂中分散良好，并将表面活性剂改性的纳米纤维素引入等规聚丙烯基体中，纳米纤维素诱导出两种晶型（α和β），并且还作为等规聚丙烯的成核剂，表现出良好的相容性。Bondeson等[84]通过Beycostat AB09处理纳米纤维素表面，增强了在聚乳酸中的分散性，同时降低了聚乳酸的基体质量。Habibi等[85]利用山梨醇单硬脂酸酯（非离子表面活性剂）改善了亲水纳米纤维素在聚苯乙烯疏水基质中的分散性能。Zhou等[86]以木质素—碳水化合物（LCC）的结构作为仿生模型，采用糖基双亲嵌段共聚物（低聚木糖—聚乙二醇—聚苯乙烯的共聚物）吸附在纳米纤维素表面，所得的改性纳米纤维素在非极性溶剂中分散性良好，且能在甲苯中形成稳定的手性液晶体。类似地，Lee 等[87]用全生物基来源的聚乳酸—碳水化合物共聚物对 BNC 进行了功能性表面修饰，结果发现界面相容性大大提高，复合材料机械性能也有所增加。

通过聚电解质改性是纳米纤维素非共价键改性的另一个重要方法。Wagberg 等[88]通过层层自组装将带有相反电荷聚二烯丙基二甲基氯化铵、聚烯丙基胺盐酸盐和聚乙烯亚胺吸附到羧甲基化的纳米纤维素薄膜上，得到了带有三种聚电解质的多层薄膜。然而，表面活性剂或聚电解质在纳米纤维素表面可能会产生吸附迁移现象，不能长久保持。

三、纳米纤维素的接枝共聚改性

纳米纤维素表面含有大量的羟基，可通过化学引发剂，用物理射线（如 γ 射线或紫外线等）处理或引发，与聚合物发生接枝共聚反应。不仅可以改善纳米纤维素的分散性，还能够在纳米纤维素上接枝具有特殊功能的聚合物链。目前，纤维素表面接枝改性的常用方法是传统自由基聚合法、离子聚合法和开环接枝聚合法。传统的自由基聚合法可以采用热引发、引发剂引发、辐射诱导（高能辐射）、光引发、微波引发等方法。自由基单体选择范围大，反应温和，操作简单。然而它也有一些缺点，如聚合过程难以控制、副反应多且难以消除。Azzam 等[89]通过肽偶联反应将热敏聚合物引入纳米纤维素表面，获得的纳米纤维素在高离子强度下的胶体稳定性好、表面活性良好和热可逆聚集，可用于制备热敏性纤维素功能材料。Kyung 等[90]采用紫外光引发聚丙烯酰胺接枝到棉织物表面，表面接枝率也随着光引发剂浓度的增加和引发时间的延长而增加。Goffin 等[91]以辛酸亚锡为催化剂，将聚乳酸（PCL）和聚己内酯（PLA）的二元聚酯共混物接枝到纳米纤维素上，改善了 PCL/PLA 的相容性，也改善了复合材料的力学性能。Gupta 等[92]在酸性介质中以硝酸铈铵为引发剂，将 N-异丙基丙烯酰胺与纤维素接枝，并对它的温度响应性进行了研究。

四、纳米纤维素的点击化学改性

点击化学反应（click chemistry）是 2001 年诺贝尔奖获得者 Sharpless 所提出的一种快速合成大量化合物的方法，并在众多领域得到应用[93]。点击化学反应操作比较简单、反应条件比较温和，能够高效、有选择性地实现碳杂原子的连接，而且副反应少，产物易于分离，后续处理简单。点击化学反应的主要反应类型有亲核开环、环加成、非醇醛的羰基化学反应和碳碳多键的加成四种类型。利用点击化学反应的选择性高、得率高、副反应少的优点，可以避免由于纤维素分子量大、反应活性低造成的改性过程操作复杂、反应速率低等缺点，更好地制备出具有优异性能的纳米纤维素功能材料。

　　Filpponen等[94]首次用点击化学反应的方法将胺端基单体修饰到纳米纤维素表面，随后点击化学反应引起了越来越多的纤维素研究的关注。Pahimanolis等[95]通过在碱—异丙醇混合介质中，纳米纤维素与有机叠氮化物化合物反应，纳米纤维素表面引入了叠氮化合物基团与炔丙胺进行点击化学反应，最后通过和三唑甲胺进行环加成反应，制备出具有pH敏感性的复合材料。Zhang等[96]通过在Cu的催化下，叠氮化合物改性的纤维素与炔烃改性的聚N-异丙基丙烯酰胺—共—甲基丙烯酸羟乙酯和PNIPAAm—共—HEMA发生环加成反应，得到了温敏性水凝胶。Tingaut等[97]通过点击化学反应的方法，成功在纤维素上接枝一种硫醇分子，不仅提高了反应的速率，而且得到了具有特殊功能性纳米纤维素膜材料。Feese等[98]以Cu为催化剂，使叠氮化合物改性的纤维素与具有抗菌性卟啉发生环加成反应，获得了具有抗菌性的纳米纤维素复合材料。

第四节　纳米纤维素的应用

一、荧光复合材料

　　荧光分析技术作为一种高灵敏度、高选择性的分析方法，广泛应用于药物、环境检测、疾病诊断、细胞成像等多个领域，因此开发出具有荧光性能的纳米纤维素复合材料具有重要的特殊意义。目前已经有许多团队制备出优异性能的纳米纤维素荧光复合材料，主要方法包括纳米纤维素与碳量子点相结合方法[99]及纳米纤维素荧光标记法。

　　作为21世纪的新兴产物，碳点（carbon dots，CDs）不仅具备传统金属基量子点（如硅材料）优异的荧光性能，而且避免了因金属或其化合物的存在而导致的成本高和潜在的金属污染问题，还兼具碳材料良好的生物相容性和无毒性，其独特的功能如化学传感[100,101]、药物传递[102,103]、光催化剂[104]、低毒性[105]、生物成像[106,107]和生物传感[108]，有望成为传统半导体量子点的取替品。近年来，开发基于纤维素/碳点的发光膜备受关注。

　　Junka等[109]首次证明发光碳点（CDs）可以通过EDC/NHS（N'-ethylcarbodiimide hydrochloride/N-hydroxysuccinimide）偶联在水介质中与纤维素纳米纤丝（CNF）共价连接，其合成机理如图1-10所示。通过EDC/NHS偶联将碳点连接到由CNF组成的膜和水凝胶上。CDs的附着增加了CM-CNF（carboxymethylated-cellulose nanofibrils）的热稳定性，并且能够不可逆地去除CM-CNF中的结合水。该研究为透明荧光纳米纸的合成以及共聚焦显微成像所证实的发光可调性提供了概念验证。

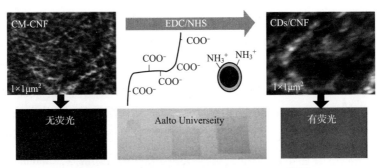

图1-10 纤维素/碳点复合膜的合成机理图[109]

Xiong等[110]利用纤维素纳米晶体（CNCs）和碳量子点（CQDs）之间的异质两亲性相互作用自组装针状纳米结构，如图1-11所示。这些发射性纳米结构可以自组装成手性向列固体材料，改善材料的机械性能。且手性CQD/CNC薄膜表现出强烈的彩虹色外观叠加增强发光，明显高于CQD薄膜和其他CQD/CNC薄膜。此外，利用化学2D印刷和软光刻技术与手性向列结构相结合，以制备独立的手性荧光图案。手性荧光和光子行为的结合在生物光子领域具有广阔的应用前景，如反光子效应、波导、激光器和光学涡旋控制等。

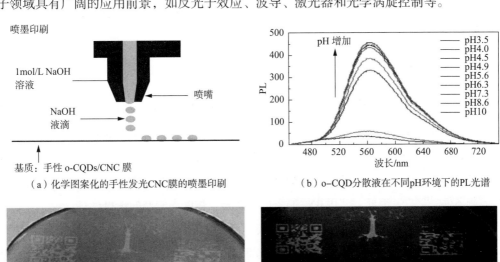

（a）化学图案化的手性发光CNC膜的喷墨印刷

（b）o-CQD分散液在不同pH环境下的PL光谱

（c）在自然光下具有10 cm直径的图案化手性发光CNC膜

（d）在365nm紫外光下具有10 cm直径的图案化手性发光CNC

图1-11 手性o-CQDs/CNC荧光膜材料[110]

纳米纤维素荧光标记法，是由于纳米纤维素及其衍生物表面具有大量的羟基，从而容易使荧光分子标记或生物活性物质偶联在纤维素表面。目前，也有一些学者成功制备出荧光修饰的纳米纤维素复合材料并将其应用于生物医药领域。Dong等[111]首先使纳米晶体表面环氧活化，然后环氧化合物与铵的开环及异硫氰酸酯荧光素（FITC）分子与伯氨基的偶联实现了纳米纤维素的荧光标记。Carlsson等[112]将羧基荧光素衍生物共轭到纳米纤维素的还原端，可用来探测半乳糖蛋白的结合能力。首先用2，2，6，2-三吡啶侧链对纤维素纳米晶进行表面修饰，然后通过RuII/RuII还原法将三吡啶修饰的二萘嵌苯染料分子组装到改性的纤维素纳米晶上，得到了高荧光纳米纤维素材料。此荧光材料末端具有叠氮基团，能够与抗原发生点击化学反应，在生物成像领域有很好的应用前景。Mahmoud等[113]合成了两种荧光纳米纤维素：异硫氰酸荧光素（CNC-FITC）和纳米纤维素罗丹明B异硫氰酸荧光素（CNC-RBITC），且研究了CNC的表面电荷对细胞摄取和细胞毒性的影响。

由于纳米纤维素具有无毒、可生物降解性、低密度、优异的力学性能和纳米尺寸及较高的比表面积，因此纳米纤维素可以成为一种优异的环境友好型纳米填料用于聚合物基体中的增强相，从而制备聚合物纳米纤维素基复合材料。综上所述，纤维素在荧光复合膜中除了作为增强相，氧化纳米纤维素的加入使复合膜表现出更优异的抗紫外性能。此外，纳米纤维素和二氧化钛纳米颗粒杂交的分散液可用于需要高耐磨性和防紫外线活性的透明涂层[114]。近年来，对纤维素基发光膜、转光膜等的研究成了发光膜领域的研究热点之一。

二、生物组织复合材料

BNC的化学成分与植物纤维素相同，但其独特的纤维状纳米结构（图1-12[115]）、卓越的物理和机械性能（包括高孔隙率、高湿态拉伸强度、高持水性能和良好的生物相容性），决定了其构建物具有优异的性能，如促进组织再生、快速愈合性能、形状稳定性和控制药物递送等，所有这些良好的生物医学特性都是大型皮肤移植、伤口敷料和重建手术所需的条件[116-118]。因此，使用BNC制备的支架是生物医学领域的理想材料。

Müller等[119]研究了BNC作为药物传递系统在血清白蛋白作为模型药物中的适用性，证明了亲水性、高生物相容性及可控的药物加载和释放使BNC成为递送受控药物的理想生物聚合物。Mart等[120]研究了细菌纳米纤维素和海藻酸盐双相多孔纳米纤维水凝胶，该材料表现出类细胞外基质，高度结晶的纤维素分子，通过BNC纳米纤维的不规则排列形成的结构与胶原基质相似，在耳廓软骨重建支架方面具有应用潜力。由于小且不均匀的支架孔径，细胞生长困难，限制了其作为组织工程植入材料方面的用途。纳米纤维素聚吡咯复合膜是用于电化学控制提取和分离的理想生物材料。细菌纳米纤维素和聚吡咯的导电性能可用于神经组织重建等需要导电性的组织工程纳米复合材料。可以用导电聚吡咯和纳米纤维素聚合物纳米复合膜制备血液透析膜，复合膜可将活性离子交换和被动超滤与高比表面积相结合[121, 122]。Razaq等[123]制备了高度多孔的聚吡咯—纳米纤维素复合离子交换膜，用于通过可逆的电化学控制过程对生物分子进行固相萃取，复合膜中的聚吡咯层确保了对离

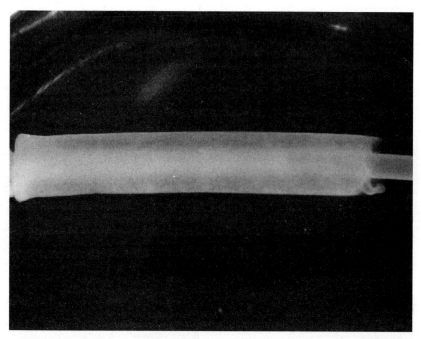

图1-12　在接种Kombucha的双硅管生物反应器中生产的管状BNC材料[115]

子交换分子的良好接触。

在生物医学应用中，已有将纳米纤维素用于伤口敷料的研究。Berndt等[124]制备了由细菌纳米纤维素（BNC）和银纳米颗粒组成的多孔杂交体，可作为抗菌伤口敷料。银纳米颗粒通过化学键固定在多孔纳米纤维素网络上，防止纳米颗粒从网络结构中释放。具有功能化生物分子的微孔纤维素水凝胶，可用于伤口愈合。比如具有智能pH响应性生物传感特性的纳米纤维素水凝胶，可以通过控制和智能释放抗菌成分治疗慢性伤口[125]。纳米纤维素有利的表面化学、形态学、流变学和抑制细菌生长的能力是3D打印多孔伤口敷料中生物墨水所需的特征，以便携带和释放抗微生物组分[126]。

Aramwit等[127]开发了具有光滑表面的丝胶释放细菌纳米纤维素凝胶作为用于面部护理的生物活性膜，如图1-13所示，该材料显示超细和极其纯净的纤维网络结构。与市售纸面膜相比，丝胶释放细菌纳米纤维素凝胶的机械性能和吸湿能力得到改善，丝滑的丝胶可以从凝胶中控制释放。具有与市售纸质面膜相当的优异机械性能、可生物降解性，比纸质面膜更少的黏附性和无细胞毒性。

改性纳米纤维素基高吸水性聚合物复合材料可在生物医学应用中用作药物递送装置[128, 129]。TEMPO氧化纳米纤维素膜表现出良好的细胞黏附性和增殖性，宜开发成医学材料[130, 131]。Cheng等[132]共混TEMPO氧化细菌纳米纤维素与弹性蛋白多肽（elastin polypeptide，ELP），制备了无细胞毒性和具有包封细胞能力的热响应性纳米纤维素水凝胶。通过冷冻干燥改性纳米纤维素可以制备具有优异吸水性的形状记忆气凝胶，气凝胶在水中保持优异的物理完整性，同时显示生物医学应用所需的重复循环的形状恢复[133]。纳米复合材料由于具有良好的生物相容性，细胞黏附和增殖等生物医学特性，可用于组织工程支架材料[134]。

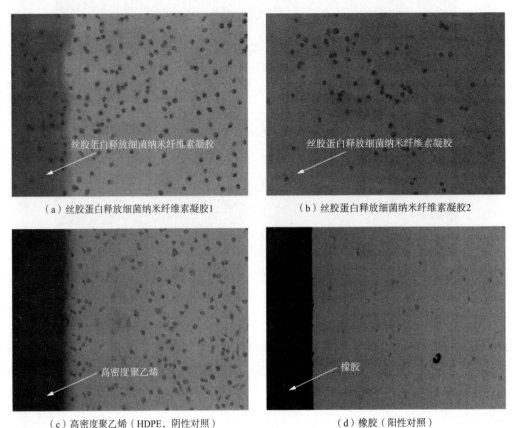

（a）丝胶蛋白释放细菌纳米纤维素凝胶1　　　　（b）丝胶蛋白释放细菌纳米纤维素凝胶2

（c）高密度聚乙烯（HDPE，阴性对照）　　　　（d）橡胶（阳性对照）

图1-13　在材料上培养48 h后L929小鼠成纤维细胞的形态[127]

　　此外，大蒜素和溶菌酶共轭纳米纤维素具有良好的抗菌效果，可用于制备医用纺织品的抗菌织物[135, 136]。Markstedt等[137]制备了基于纳米纤维素和藻酸盐的生物油墨，能够印刷2D和3D形状的软骨结构，如人耳和羊半月板等。0.5% NC负载的双相磷酸钙支架显示更高的细胞黏附和增殖性，有利于改善骨再生[138]。由于纳米原纤纤维素的存在，支架的降解速度较慢，此特性有利于可持续释放骨诱导分子以增强骨生成[139]。

三、电化学复合材料

　　纳米纤维素与导电活性材料复合，作为基质的纳米纤维素提供了柔韧性，而电活性材料提供了电性能，保留了两种成分的独特响应特性。所开发的复合材料在柔性电极和柔性显示器等方面具有潜在的应用价值。

　　通过在纳米纤维纸基材上沉积量子点、碳纳米管、氧化钛、银纳米棒、二氧化硅纳米粒子和二硫化钼等，可以制备光学透明度优于普通纸基材的导电纸，透明导电纸在光电器件方面具有广泛的应用前景[140-145]。聚吡咯纳米纤维复合纸基储能器具有电池容量大、优异的倍率性能、循环性能优良、性能高、重量轻和成本低等多个优点，基于纳米纤维素和聚吡咯的复合材料由于其高比表面积和储存电荷的能力成为电子方面的理想材料。基于带羧基的纳米纤维素和碳纳米管的纳米复合纸具有良好的机械性能、柔韧性、优异的导电性、价格低廉和环境友好等优点，可以找到各种各样柔性电子学方面的应用潜能[146]。使用纳米纤维素和还原石墨烯制备的复合纸具有高导电性，在潮湿和干燥条件下仍具有优异的机械性能，可以在潮湿环境中的导电体、抗静电涂料和电子封装等方面获得应用[147]。通过使用含有结晶纳米纤维素分散体的聚合物在黑纸上印刷，其显示出比偏振片更深的背景，具有安全印刷和光学认证的潜力[148]。

　　具有高比表面积和表面电荷的纳米纤维素基气凝胶可通过在导电聚合物上的α层组装碳纳米管、二氧化钛、氧化锌、氧化铝以增强其在能量存储和其他电子应用中的充电容量、柔韧性和机械性能[149, 150]。基于聚吡咯和纳米纤维素的复合材料可应用于环境友好型储能装置，其具有适用于可商业开发的质量负荷、电容和能量密度[151-154]。纳米纤维素可用于制备基于单元分离器/电极组件（unit separator/electrode assembly，SEA）结构的可充电电源。用纤维素纳米纤丝（CNF）/多壁碳纳米管制成的电极基纸电池展示了高质量负载的超薄电极远远超出传统电池技术可用的电极负载。纤维素纳米纤维纸衍生的隔膜是一种电解液，在适当的实验条件下制备的纤维素纳米纤维纸分离器包含高度互连的纳米多孔网络通道，由紧密堆积的CNF形成纳米级迷宫结构，CNF分离器牢牢固定互锁的电极分离器接口，具有良好的机械性能及改善电池性能的优异隔膜性能[155]。SEA独特的物理化学结构极大地改善了电极活性物质的质量负载、电子传输途径和电解质可及性等[156]。此外，由于纳米多孔结构和隔离器厚度的特制组合，纳入二氧化硅（SiO_2）纳米颗粒更易形成松散的多孔结构的CNF，有助于更好地离子传导，所有这些性质都有利于隔膜的优异导电性能[157]。

　　Kang等[158]制备了碳纳米管和离子液体基聚合物凝胶电解质，具有高物理灵活性、可期望的电化学性能、优异的循环性和优异的机械性能的细菌纳米纤维素的全固态柔性超级电容器。Zhang等[159]提出了以碳气凝胶为阳极的锂空气电池制备的新方法，具有多孔和高比表面积的碳气凝胶可以通过三维细菌纳米纤维水凝胶构建体的热解来制备。碳气凝胶在锂离子电池所需的容量保持率和倍率性能方面表现出良好的电化学性能。Kobayashi等[160]提出了由木质纤维素生物质提取的酸诱导胶凝化和超临界干燥微晶纳米纤维素制备的三维气凝胶，具有高孔隙率、高比表面积、良好的机械和隔热性能的气凝胶可用作热绝缘体、声绝缘体或电绝缘体。纳米纤维素的性质如结晶性和吸水性对用于电绝缘体的纳米纤维素复合材料的介电性质有显著影响。高岭土和纳米纤维素复合材料对应用于电子印刷领域的成本效益、柔韧性、低表面粗糙度和高孔隙率基材具有潜在优势[161, 162]。以纳米纤维素和聚苯胺为原料构筑环保、柔韧、导电的纳米复合材料可以通过原位聚合制备，它们可用于柔性电子、抗静电涂层和电导体[163]。

四、吸附材料

近年来，纤维素基吸附材料由于具有独特的结构和吸附特性，已成为高效吸附剂发展的新兴方向。借助纤维素及其相关衍生物的复合材料来吸附目标物质已成为科学家们当下研究的热点，具有很好的应用前景和经济开发价值。

纳米纤维素由于表面丰富的羟基，具有强亲水性，此特性可用于制备水凝胶吸附剂。然而，吸附剂表面上的大量羟基会引起聚集，因此限制了其作为吸附剂的应用，可以通过用选择性分子对吸附剂进行表面改性来改善。具有高比表面积和表面功能化的改性纳米纤维素基吸附剂可用于从水溶液中回收有用的生物分子，如 $\beta-$ 酪蛋白、胰蛋白酶、溶菌酶、免疫球蛋白和血红蛋白[164-167]。此外，用适当的分子对纳米纤维素表面官能团进行功能化处理，可以选择性地从溶液中去除有毒生物分子，如伏马菌素 B_1、黄曲霉毒素 B_1 和腐殖酸等[168-170]。

通过冷冻干燥纳米纤维素悬浮液可以制备高度多孔、独立式和轻质的纳米纤维素气凝胶海绵，可以通过控制纳米纤维素质量和悬浮液浓度来控制气凝胶的孔隙率和比表面积。Zhang 等[171]通过冷冻干燥制备基于纳米纤维素和甲基三甲氧基硅烷溶胶的超轻、挠性、疏水性和亲油性海绵，根据溶剂和油的性质，海绵状吸附剂可以吸附多种有毒有机溶剂和油，其容量可达自身重量的 100 倍。硅烷化纳米纤维素海绵具有优异的柔韧性和保形性。具有光催化活性的二氧化钛涂覆的纳米纤维素气凝胶具有亲油性、低密度和高吸附容量，可以从废水表面吸附有机污染物，对于净化水和空气非常有效[172, 173]。

具有微孔网络结构、高比表面积和疏水性的超低密度碳气凝胶可以通过控制纳米纤维素水凝胶的热解来制备[174]。将纳米颗粒结合到纳米纤维素基质中产生新颖的纳米复合材料，可以作为检测器来检测水溶液中的痕量污染物。例如，基于细菌纳米纤维素和金纳米粒子的重量轻、柔韧性和形状稳定性的复合物检测器可检测酸性和碱性溶液[175, 176]。

由于纤维素基材料制备手段的限制，使吸附剂的回收利用过程操作烦琐，限制了纤维素基吸附剂这一绿色材料的应用范围。为了解决这一问题，近年来人们对易于回收的球形纤维素基吸附剂的制备工艺及吸附性能进行了较深入的研究，创制出多种物理和化学方法改性的球形纤维素基吸附剂。

2015年，Chang 等[177]将壳聚糖加入离子液体溶解的纤维素溶液，利用乳化法制成磁性多孔壳聚糖/纤维素复合微球吸附剂（图1-14），研究表明该复合微球具有较好的稳定性，可利用外部磁场实现微球的快速分离回收，并应用于铜离子的吸附实验。纤维素与壳聚糖形成的复合微球具有多孔网络结构，能够较好地捕获铜离子，且复合微球表面丰富的羟基及氨基官能团可以与铜离子形成配位键，从而有利于铜离子的吸附。在最佳吸附条件下，该微球对铜离子的吸附量能达到62.8mg/g，与未加入壳聚糖的微球相比，铜离子的吸附量增长了5倍。该微球吸附剂可用盐酸洗脱，重复使用5次后，其吸附量还能达到初始吸附量的73%，是一种很有前景的绿色吸附剂。

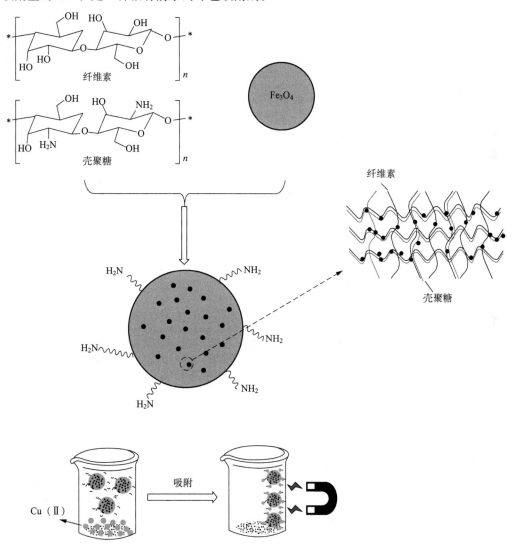

图1-14 壳聚糖/纤维素磁性微球合成路线[177]

2014年，Chen等[178]将碱处理后的硅藻土及碳酸钙加入纤维素的碱脲体系均相溶液，通过注射器将该复合体系滴加到1mol/L的盐酸里，制备出多孔硅藻土/纤维素复合小球，具体制备路线如图1-15所示。所用的盐酸溶液既能使纤维素再生成型又能与碳酸钙反应生成CO_2气体从而使复合小球表面及内部的孔隙增加，提高吸附性能。

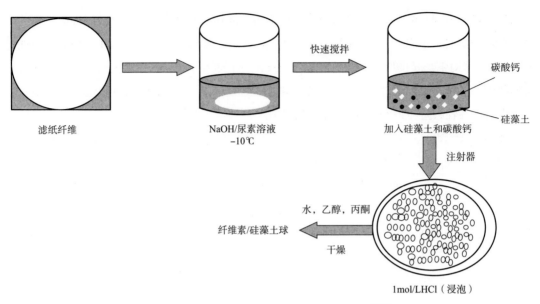

图1-15　硅藻土/纤维素复合小球的制备过程[178]

五、其他应用

纳米纤维素具有高比表面积、优异的机械性能、高透光率，更重要的是生物降解性和可再生性，这是传统增强材料无法比拟的。纳米纤维素与不同基质结合后的增强能力是由于纤维之间的强相互作用产生的，从而提高了其复合材料的机械性能。自 Favier 等[179]使用纳米纤维素作为苯乙烯和丁基丙烯酸盐共聚物的增强填料后，纳米纤维素作为复合材料的增强相引起了越来越多的研究者的关注。

将纳米纤维填料加入天然橡胶，显示出比非交联橡胶更优异的机械性能。非交联天然橡胶降解速度更快，这是由于交联橡胶的三维网络结构包裹着纳米填料，可以抑制复合材料的降解[180]。通过纳米纤维素改善增强大豆蛋白气凝胶的力学性能，复合气凝胶具有高比表面积、低密度和良好的机械性能[181]。形状记忆聚氨酯材料存在的刚度较低的问题，可以通过在聚氨酯结构中加入纳米纤维素来改善机械性能（如压缩性能、拉伸性能及冲击性能）[182-184]。Hervy 等[185]采用细菌纤维素（BNC）和纳米纤维素（NFC）作为环氧树脂基质增强剂，制备出绿色环保型纳米复合材料。Juntaro 等[186]通过细菌纳米纤维素改性剑麻和大麻纤维，用作以乙酸丁酸纤维素和聚乳酸（poly-L-lactic acid，PLLA）作为基质的绿色复合材料的填料。纳米纤维素改性纤维在聚合物中显示出更好的黏附性，从而改善了复合材料的机械性能。纳米纤维素增强聚合物复合材料可用作包装、农业用膜和卫生设备的环保材料。纳米纤维素可用于改性天然纤维，通过填充条纹和增加与天然纤维间的结合，来提高机械性能和界面特性[187]。通过在树脂溶液中引入非常低的纳米纤维素负载，可以提高纸板和纸张的阻隔性能，改善未涂布纸张的粗糙表面和开放结构的光滑度和密度，由于表面的密封性，可以改善涂布纸的防水性能，并因此产生低孔隙率的表面层。此外，水分子可以通过与纳米纤维素表面上丰富的羟基官能团的氢键结合从而与纳米纤维素牢固结合，因此减少了通过含纳米纤维素膜的水传递[188]。

由于无毒性，基于纳米纤维素复合材料的包装材料具有提高包装食品质量、安全性和稳定性的巨大潜力。可食用聚合物膜的水蒸气渗透性和抗菌性可以通过在聚合物基质中加入纳米纤维素来改善[189,190]。纤维素纳米晶体的高度有序结构改善了膜的机械性能，纤维素纳米晶体上的大量羟基通过氢键强烈地与水分子结合，导致扩散过程较慢，降低了食品包装薄膜的水蒸气渗透性，纳米纤维素薄膜是环境友好的聚合物材料[191]。使用沸石和纳米纤维素制备的柔性薄膜具有优异的去除硫醇的能力，因此具有优异机械性能的薄膜可用于水果、食品和蔬菜的包装，并释放出显著的气味[192]。

此外，纳米纤维素和钠基蒙脱石通过冻干法产生泡沫状和蜂窝状气凝胶结构，其具有优异的热性能、机械性能和能量吸收能力，适用于商品包装[193]。纳米纤维素和石墨烯泡沫具有重量轻和燃烧效率高的特点，可用于提高建筑物的能源效率[194]。纳米纤维素可用于改性合成纺织品基材，以提高纤维的染色能力，因为纳米纤维素表面上有大量羟基，改性纤维可与染料分子结合得更好[195]。导电碳纤维可以通过在惰性环境中热解聚丙烯腈（polyacrylonitrile，PAN）来制备，碳纤维的电导率可以随着PAN基体中纳米纤维素浓度的增加而增强，因为更有序的石墨结构增强了碳纤维的电子运动[196]。纳米纤维素可用来制备用于生物分子固相微萃取的新型吸附剂[197]。通过使用胺改性的纳米纤维素的酰胺化反应制备的 β-环糊精修饰的纳米纤维素吸附剂材料，对用于治疗动物疾病的抗生素达诺氟沙星具有高效性和选择性[198]。

参考文献

[1] 卫英慧，韩培德，杨小华. 纳米材料概论 [M]. 北京：化学工业出版社，2009.

[2] LUCIA L A, HUBBE M A. Book review: materials, chemicals and energy from forest biomass [J]. Bioresources, 2008, 3(3): 668-669.

[3] HAN J S, ROWELL J S. Chemical composition of fibers, in paper and composites from agro-based resources [M]. London: CRC Press, 1996: 83-134.

[4] SIRÓ I, PLACKETT D. Microfibrillated cellulose and new nanocomposite materials: a review [J]. Cellulose, 2010, 17(3): 459-494.

［5］杨淑蕙. 植物纤维化学［M］3版. 北京：中国轻工业出版社，2001.

［6］YE D, HUANG H, FU H, et al. Advances in cellulose chemistry［J］. Journal of Chemical Industry & Engineering, 2006, 57(8): 1782–1791.

［7］LEE H V, HAMID S B A, ZAIN S K. Conversion of lignocellulosic biomass to nanocellulose: structure and chemical process［J］. The Scientific World Journal, 2014(8):1–20.

［8］CHEN Y, WU Q, HUANG B, et al. Isolation and characteristics of cellulose and nanocellulose from lotus leaf stalk agro–wastes［J］. BioResources, 2015, 10(1): 684–696.

［9］CHEN Y, XU W, LIU W, et al. Responsiveness, swelling, and mechanical properties of PNIPA nanocomposite hydrogels reinforced by nanocellulose［J］. Journal of Materials Research, 2015, 30(11): 1797–1807.

［10］PRANGER L, TANNENBAUM R. Biobased nanocomposites prepared by in situ polymerization of furfuryl alcohol with cellulose whiskers or montmorillonite clay［J］. Macromolecules, 2008, 41(22): 8682–8687.

［11］BECK–CANDANEDO S, ROMAN M, GRAY D G. Effect of reaction conditions on the properties and behavior of wood cellulose nanocrystal suspensions［J］. Biomacromolecules, 2005, 6(2): 1048–1054.

［12］ARAKI J, WADA M, KUGA S. Steric stabilization of a cellulose microcrystal suspension by poly (ethylene glycol) grafting［J］. Langmuir, 2001, 17(1): 21–27.

［13］DE MENEZES A J, SIQUEIRA G, CURVELO A A S, et al. Extrusion and characterization of functionalized cellulose whiskers reinforced polyethylene nanocomposites［J］. Polymer, 2009, 50(19): 4552–4563.

［14］GARCIA DE RODRIGUEZ N L, THIELEMANS W, DUFRESNE A. Sisal cellulose whiskers reinforced polyvinyl acetate nanocomposites［J］. Cellulose, 2006, 13(3): 261–270.

［15］DE SOUZA LIMA M M, BORSALI R. Rodlike cellulose microcrystals: structure, properties, and applications［J］. Macromolecular rapid communications, 2004, 25(7): 771–787.

［16］LI J, WEI X, WANG Q, et al. Homogeneous isolation of nanocellulose from sugarcane bagasse by high pressure homogenization［J］. Carbohydrate Polymers, 2012, 90(4): 1609–1613.

［17］LU P, HSIEH Y L. Cellulose isolation and core–shell nanostructures of cellulose nanocrystals from chardonnay grape skins［J］. Carbohydrate Polymers, 2012, 87(4): 2546–2553.

［18］ALEMDAR A, SAIN M. Isolation and characterization of nanofibers from agricultural residues–wheat straw and soy hulls［J］. Bioresource technology, 2008, 99(6): 1664–1671.

［19］MARCHESSAULT R H, MOREHEAD F F, KOCH M J. Some hydrodynamic properties of neutral suspensions of cellulose crystallites as related to size and shape［J］. Journal of Colloid Science, 1961, 16(4): 327–344.

［20］REVOL J F, BRADFORD H, GIASSON J, et al. Helicoidal self–ordering of cellulose microfibrils in aqueous suspension［J］. International Journal of Biological Macromolecules, 1992, 14(3): 170–172.

［21］DONG X M, GRAY D G. Effect of counterions on ordered phase formation in suspensions of charged rodlike cellulose crystallites［J］. Langmuir, 1997, 13(8): 2404–2409.

［22］FAN Z Q, YUAN Y, SHEN Q. Recent development in nanocellulose research and application II［J］. Chinese Polymer Bulletin, 2010(3): 40.

［23］WANG H, ZHANG X, JIANG Z, et al. A comparison study on the preparation of nanocellulose fibrils from fibers and parenchymal cells in bamboo (phyllostachys pubescens)［J］. Industrial Crops and Products, 2015(71): 80–88.

［24］AN X, WEN Y, CHENG D, et al. Preparation of cellulose nano–crystals through a sequential process of cellulase pretreatment and acid hydrolysis［J］. Cellulose, 2016, 23(4): 2409–2420.

［25］MOON R J, MARTINI A, NAIRN J, et al. Cellulose nanomaterials review: structure, properties and nanocomposites［J］. Chemical Society Reviews, 2011, 40(7): 3941–3994.

［26］ROSA M F, MEDEIROS E S, MALMONGE J A, et al. Cellulose nanowhiskers from coconut husk fibers: effect of preparation conditions on their thermal and morphological behavior［J］. Carbohydrate Polymers, 2010, 81(1): 83–92.

［27］FILSON P B, DAWSON–ANDOH B E. Sono–chemical preparation of cellulose nanocrystals from lignocellulose derived materials［J］. Bioresource technology, 2009, 100(7): 2259–2264.

［28］ARAKI J, WADA M, KUGA S, et al. Influence of surface charge on viscosity behavior of cellulose microcrystal suspension［J］. Journal of wood science, 1999, 45(3): 258–261.

［29］MANDAL A, CHAKRABARTY D. Isolation of nanocellulose from waste sugarcane bagasse (SCB) and its characterization［J］. Carbohydrate Polymers, 2011, 86(3): 1291–1299.

［30］NICKERSON R F, HABRLE J A. Cellulose intercrystalline structure［J］. Industrial & Engineering Chemistry, 1947, 39(11): 1507–1512.

［31］RÅNBY B G. Fibrous macromolecular systems: cellulose and muscle: the colloidal properties of cellulose micelles［J］. Discussions of the Faraday Society, 1951(11): 158–164.

［32］TANG L, HUANG B, OU W, et al. Manufacture of cellulose nanocrystals by cation exchange resin–catalyzed hydrolysis of cellulose［J］. Bioresource technology, 2011, 102(23): 10973–10977.

［33］BONDESON D, MATHEW A, OKSMAN K. Optimization of the isolation of nanocrystals from microcrystalline cellulose by acid hydrolysis［J］. Cellulose, 2006, 13(2): 171–180.

［34］唐丽荣，欧文，林雯怡等. 酸水解制备纳米纤维素的响应面优化［J］. 林产化学与工业, 2011,31(6): 61–65.

［35］HAMID S B A, AMIN M, ALI M E. Zeolite supported ionic liquid catalyst for the synthesis of nano–cellulose from palm tree biomass［C］//Advanced Materials Research, 2014(925): 52–56.

［36］SAITO T, OKITA Y, NGE T T, et al. TEMPO–mediated oxidation of native cellulose: microscopic analysis of fibrous fractions in the oxidized products［J］. Carbohydrate Polymers, 2006, 65(4): 435–440.

［37］SAITO T, ISOGAI A. TEMPO-mediated oxidation of native cellulose: the effect of oxidation conditions on chemical and crystal structures of the water-insoluble fractions［J］. Biomacromolecules, 2004, 5(5): 1983-1989.

［38］LEUNG A C W, HRAPOVIC S, LAM E, et al. Characteristics and properties of carboxylated cellulose nanocrystals prepared from a novel one-step procedure［J］. Small, 2011, 7(3): 302-305.

［39］许家瑞, 桂红星. 用氯气氧化降解制备纳米微晶纤维的方法: 中国, CN200510100343.6［P］. 2006-3-22.

［40］Hettrich K, Pinnow M, Volkert B, et al. Novel aspects of nanocellulose［J］. Cellulose, 2014, 21(4): 2479-2488.

［41］KHALIL H P S A, DAVOUDPOUR Y, ISLAM M N, et al. Production and modification of nanofibrillated cellulose using various mechanical processes: a review［J］. Carbohydrate Polymers, 2014(99). 649-665.

［42］HERRICK F W, CASEBIER R L, HAMILTON J K, et al. Microfibrillated cellulose: morphology and accessibility［C］//J. Appl. Polym. Sci.: Appl. Polym. Symp.; (United States). ITT Rayonier Inc., Shelton, WA, 1983, 37(CONF-8205234-Vol. 2).

［43］OKSMAN K, ETANG J A, MATHEW A P, et al. Cellulose nanowhiskers separated from a bio-residue from wood bioethanol production［J］. Biomass and Bioenergy, 2011, 35(1): 146-152.

［44］潘明珠, 周定国, 周晓燕, 等. 一种高压破碎低温冷却制备纳米纤维素的方法［P］. 中国: ZL 201110151350.4, 2011-10-19.

［45］陈文帅, 于海鹏, 刘一星, 等. 木质纤维素纳米纤丝制备及形态特征分析［J］. 高分子学报, 2010, 1(11): 1320-1326.

［46］KLEMM D, KRAMER F, MORITZ S, et al. Nanocelluloses: a new family of nature-based materials［J］. Angewandte Chemie International Edition, 2011, 50(24): 5438-5466.

［47］BROWN A J. XLIII. On an acetic ferment which forms cellulose［J］. Journal of the Chemical Society, Transactions, 1886(49): 432-439.

［48］SATYAMURTHY P, JAIN P, BALASUBRAMANYA R H, et al. Preparation and characterization of cellulose nanowhiskers from cotton fibres by controlled microbial hydrolysis［J］. Carbohydrate Polymers, 2011, 83(1): 122-129.

［49］朱昌来, 李峰, 尤庆生, 等. 纳米细菌纤维素的制备及其超微结构镜观［J］. 生物医学工程研究, 2008, 27(4): 287-290.

［50］CHEN Y, HE Y, FAN D, et al. An efficient method for cellulose nanofibrils length shearing via environmentally friendly mixed cellulase pretreatment［J］. Journal of Nanomaterials, 2017: 1591504.

［51］HAYASHI N, KONDO T, ISHIHARA M. Enzymatically produced nano-ordered short elements containing cellulose Iβ crystalline domains［J］. Carbohydrate Polymers, 2005, 61(2): 191-197.

［52］蒋玲玲, 陈小泉, 纤维素酶解天然棉纤维制备纳米纤维晶体及其表征［J］. 化学工程与装备,

2008(10):1-4,9.

[53] JIANG L L, CHEN X Q, LI Z R. Study on preparation of nano-crystalline cellulose from hydrolysis by cellulase [J]. Chemistry & Bioengineering, 2008, 25(12): 63-66.

[54] HENRIKSSON M, HENRIKSSON G, BERGLUND L A, et al. An environmentally friendly method for enzyme-assisted preparation of microfibrillated cellulose (MFC) nanofibers [J]. European polymer journal, 2007, 43(8): 3434-3441.

[55] RODRÍGUEZ K, SUNDBERG J, GATENHOLM P, et al. Electrospun nanofibrous cellulose scaffolds with controlled microarchitecture [J]. Carbohydrate polymers, 2014, 100: 143-149.

[56] RODRÍGUEZ K, GATENHOLM P, RENNECKAR S. Electrospinning cellulosic nanofibers for biomedical applications: structure and in vitro biocompatibility [J]. Cellulose, 2012, 19(5): 1583-1598.

[57] CAI J, ZHANG L. Rapid dissolution of cellulose in LiOH/urea and NaOH/urea aqueous solutions [J]. Macromolecular Bioscience, 2005, 5(6): 539-548.

[58] JIA B, ZHOU J, ZHANG L. Electrospun nano-fiber mats containing cationic cellulose derivatives and poly (vinyl alcohol) with antibacterial activity [J]. Carbohydrate Research, 2011, 346(11): 1337-1341.

[59] TAKAHASHI H. Effects of dry grinding on kaolin minerals. I. kaolinite [J]. Bulletin of the Chemical Society of Japan, 1959, 32(3): 235-245.

[60] GAFFET E, BERNARD F, NIEPCE J C, et al. Some recent developments in mechanical activation and mechanosynthesis [J]. Journal of Materials Chemistry, 1999, 9(1): 305-314.

[61] AVOLIO R, BONADIES I, CAPITANI D, et al. A multitechnique approach to assess the effect of ball milling on cellulose [J]. Carbohydrate Polymers, 2012, 87(1): 265-273.

[62] GUESMI A, LADHARI N, SAKLI F. Ultrasonic preparation of cationic cotton and its application in ultrasonic natural dyeing [J]. Ultrasonics Sonochemistry, 2013, 20(1): 571-579.

[63] WONG S S, KASAPIS S, TAN Y M. Bacterial and plant cellulose modification using ultrasound irradiation [J]. Carbohydrate Polymers, 2009, 77(2): 280-287.

[64] CHENG Q, WANG S. A method for testing the elastic modulus of single cellulose fibrils via atomic force microscopy [J]. Composites Part A: Applied Science and Manufacturing, 2008, 39(12): 1838-1843.

[65] CHENG Q, WANG S, HARPER D P. Effects of process and source on elastic modulus of single cellulose fibrils evaluated by atomic force microscopy [J]. Composites Part A: Applied Science and Manufacturing, 2009, 40(5): 583-588.

[66] DE SOUZA LIMA M M, WONG J T, PAILLET M, et al. Translational and rotational dynamics of rodlike cellulose whiskers [J]. Langmuir, 2003, 19(1): 24-29.

[67] LIN N, HUANG J, DUFRESNE A. Preparation, properties and applications of polysaccharide nanocrystals in advanced functional nanomaterials: a review [J]. Nanoscale, 2012, 4(11): 3274-3294.

[68] RODIONOVA G, LENES M, ERIKSEN Ø, et al. Surface chemical modification of microfibrillated

cellulose: improvement of barrier properties for packaging applications〔J〕. Cellulose, 2011, 18(1): 127–134.

〔69〕LU J, ASKELAND P, DRZAL L T. Surface modification of microfibrillated cellulose for epoxy composite applications〔J〕. Polymer, 2008, 49(5): 1285–1296.

〔70〕SAITO T, HIROTA M, TAMURA N, et al. Individualization of nano–sized plant cellulose fibrils by direct surface carboxylation using TEMPO catalyst under neutral conditions〔J〕. Biomacromolecules, 2009, 10(7): 1992–1996.

〔71〕BARAZZOUK S, DANEAULT C. Tryptophan–based peptides grafted onto oxidized nanocellulose〔J〕. Cellulose, 2012, 19(2): 481–493.

〔72〕GOFFIN A L, RAQUEZ J M, DUQUESNE E, et al. Poly (ε–caprolactone) based nanocomposites reinforced by surface–grafted cellulose nanowhiskers via extrusion processing: morphology, rheology, and thermo–mechanical properties〔J〕. Polymer, 2011, 52(7): 1532–1538.

〔73〕DUFRESNE A. Nanocellulose: a new ageless bionanomaterial〔J〕. Materials Today, 2013, 16(6): 220–227.

〔74〕SASSI J F, CHANZY H. Ultrastructural aspects of the acetylation of cellulose〔J〕. Cellulose, 1995, 2(2): 111–127.

〔75〕BERLIOZ S, MOLINA–BOISSEAU S, NISHIYAMA Y, et al. Gas–phase surface esterification of cellulose microfibrils and whiskers〔J〕. Biomacromolecules, 2009, 10(8): 2144–2151.

〔76〕HUANG P, WU M, KUGA S, et al. One-step dispersion of cellulose nanofibers by mechanochemical esterification in an organic solvent〔J〕. ChemSusChem, 2012, 5(12): 2319–2322.

〔77〕TANG L, HUANG B, LU Q, et al. Ultrasonication–assisted manufacture of cellulose nanocrystals esterified with acetic acid〔J〕. Bioresource Technology, 2013(127): 100–105.

〔78〕ESPINO–PÉREZ E, DOMENEK S, BELGACEM N, et al. Green process for chemical functionalization of nanocellulose with carboxylic acids〔J〕. Biomacromolecules, 2014, 15(12): 4551–4560.

〔79〕SPINELLA S, MAIORANA A, QIAN Q, et al. Concurrent cellulose hydrolysis and esterification to prepare a surface–modified cellulose nanocrystal decorated with carboxylic acid moieties〔J〕. ACS Sustainable Chemistry & Engineering, 2016, 4(3): 1538–1550.

〔80〕ANASTAS P, EGHBALI N. Green chemistry: principles and practice〔J〕. Chemical Society Reviews, 2010, 39(1): 301–312.

〔81〕HEUX L, CHAUVE G, BONINI C. Nonflocculating and chiral–nematic self–ordering of cellulose microcrystals suspensions in nonpolar solvents〔J〕. Langmuir, 2000, 16(21): 8210–8212.

〔82〕BONINI C, HEUX L, CAVAILLÉ J Y, et al. Rodlike cellulose whiskers coated with surfactant: a small–angle neutron scattering characterization〔J〕. Langmuir, 2002, 18(8): 3311–3314.

〔83〕LJUNGBERG N, CAVAILLÉ J Y, HEUX L. Nanocomposites of isotactic polypropylene reinforced with rod-like cellulose whiskers [J]. Polymer, 2006, 47(18): 6285-6292.

[84] BONDESON D, OKSMAN K. Dispersion and characteristics of surfactant modified cellulose whiskers nanocomposites [J]. Composite Interfaces, 2007, 14(7-9): 617-630.

[85] KIM J, MONTERO G, HABIBI Y, et al. Dispersion of cellulose crystallites by nonionic surfactants in a hydrophobic polymer matrix [J]. Polymer Engineering & Science, 2009, 49(10): 2054-2061.

[86] ZHOU Q, BRUMER H, TEERI T T. Self-organization of cellulose nanocrystals adsorbed with xyloglucan oligosaccharide-poly (ethylene glycol)-polystyrene triblock copolymer [J]. Macromolecules, 2009, 42(15): 5430-5432.

[87] LEE K Y, TANG M, WILLIAMS C K, et al. Carbohydrate derived copoly (lactide) as the compatibilizer for bacterial cellulose reinforced polylactide nanocomposites [J]. Composites Science and Technology, 2012, 72(14): 1646-1650.

[88] WÅGBERG L, DECHER G, NORGREN M, et al. The build-up of polyelectrolyte multilayers of microfibrillated cellulose and cationic polyelectrolytes [J]. Langmuir, 2008, 24(3): 784-795.

[89] AZZAM F, HEUX L, PUTAUX J L, et al. Preparation by grafting onto, characterization, and properties of thermally responsive polymer-decorated cellulose nanocrystals [J]. Biomacromolecules, 2010, 11(12): 3652-3659.

[90] HONG K H, LIU N, SUN G. UV-induced graft polymerization of acrylamide on cellulose by using immobilized benzophenone as a photo-initiator [J]. European Polymer Journal, 2009, 45(8): 2443-2449.

[91] GOFFIN A L, HABIBI Y, RAQUEZ J M, et al. Polyester-grafted cellulose nanowhiskers: a new approach for tuning the microstructure of immiscible polyester blends [J]. ACS Applied Materials & Interfaces, 2012, 4(7): 3364-3371.

[92] GUPTA K C, KHANDEKAR K. Temperature-responsive cellulose by ceric (IV) ion-initiated graft copolymerization of N-isopropylacrylamide [J]. Biomacromolecules, 2003, 4(3): 758-765.

[93] LUTZ J F. 1, 3-Dipolar cycloadditions of azides and alkynes: a universal ligation tool in polymer and materials science [J]. Angewandte Chemie International Edition, 2007, 46(7): 1018-1025.

[94] FILPPONEN I, ARGYROPOULOS D S. Regular linking of cellulose nanocrystals via click chemistry: synthesis and formation of cellulose nanoplatelet gels [J]. Biomacromolecules, 2010, 11(4): 1060-1066.

[95] PAHIMANOLIS N, HIPPI U, JOHANSSON L S, et al. Surface functionalization of nanofibrillated cellulose using click-chemistry approach in aqueous media [J]. Cellulose, 2011, 18(5): 1201-1212.

[96] ZHANG J, XU X D, WU D Q, et al. Synthesis of thermosensitive P (NIPAAm-co-HEMA)/cellulose hydrogels via "click" chemistry [J]. Carbohydrate Polymers, 2009, 77(3): 583-589.

[97] TINGAUT P, HAUERT R, ZIMMERMANN T. Highly efficient and straightforward functionalization of cellulose films with thiol-ene click chemistry [J]. Journal of Materials Chemistry, 2011, 21(40): 16066-16076.

［98］ FEESE E, SADEGHIFAR H, GRACZ H S, et al. Photobactericidal porphyrin-cellulose nanocrystals: synthesis, characterization, and antimicrobial properties ［J］. Biomacromolecules, 2011, 12(10): 3528-3539.

［99］ YANG Z, CHEN S, HU W, et al. Flexible luminescent CdSe/bacterial cellulose nanocomoposite membranes ［J］. Carbohydrate Polymers, 2012, 88(1): 173-178.

［100］ QIAN Z, SHAN X, CHAI L, et al. Si-doped carbon quantum dots: a facile and general preparation strategy, bioimaging application, and multifunctional sensor ［J］. ACS Applied Materials & Interfaces, 2014, 6(9): 6797-6805.

［101］ ZHANG L, HAN Y, ZHU J, et al. Simple and sensitive fluorescent and electrochemical trinitrotoluene sensors based on aqueous carbon dots ［J］. Analytical Chemistry, 2015, 87(4): 2033-2036.

［102］ DING H, DU F, LIU P, et al. DNA-carbon dots function as fluorescent vehicles for drug delivery ［J］. ACS Applied Materials & Interfaces, 2015, 7(12): 6889-6897.

［103］ CHEN P, WANG Z, ZONG S, et al. pH-sensitive nanocarrier based on gold/silver core-shell nanoparticles decorated multi-walled carbon manotubes for tracing drug release in living cells ［J］. Biosensors and Bioelectronics, 2016(75): 446-451.

［104］ TADA H, FUJISHIMA M, KOBAYASHI H. Photodeposition of metal sulfide quantum dots on titanium (IV) dioxide and the applications to solar energy conversion ［J］. Chemical Society Reviews, 2011, 40(7): 4232-4243.

［105］ HUANG H, LI C, ZHU S, et al. Histidine-derived nontoxic nitrogen-doped carbon dots for sensing and bioimaging applications ［J］. Langmuir, 2014, 30(45): 13542-13548.

［106］ BIJU V. Chemical modifications and bioconjugate reactions of nanomaterials for sensing, imaging, drug delivery and therapy ［J］. Chemical Society Reviews, 2014, 43(3): 744-764.

［107］ XU J J, ZHAO W W, SONG S, et al. Functional nanoprobes for ultrasensitive detection of biomolecules: an update ［J］. Chemical Society Reviews, 2014, 43(5): 1601-1611.

［108］ LIN L, RONG M, LUO F, et al. Luminescent graphene quantum dots as new fluorescent materials for environmental and biological applications ［J］. TrAC Trends in Analytical Chemistry, 2014(54): 83-102.

［109］ JUNKA K, GUO J, FILPPONEN I, et al. Modification of cellulose nanofibrils with luminescent carbon dots ［J］. Biomacromolecules, 2014, 15(3): 876-881.

［110］ XIONG R, YU S, SMITH M J, et al. Self-assembly of emissive nanocellulose/quantum dot nanostructures for chiral fluorescent materials ［J］. ACS Nano, 2019, 13(8): 9074-9081.

［111］ DONG S, ROMAN M. Fluorescently labeled cellulose nanocrystals for bioimaging applications ［J］. Journal of the American Chemical Society, 2007, 129(45): 13810-13811.

［112］ ÖBERG C T, CARLSSON S, FILLION E, et al. Efficient and expedient two-step pyranose-retaining fluorescein conjugation of complex reducing oligosaccharides: galectin oligosaccharide specificity studies in a fluorescence polarization assay〔J〕. Bioconjugate Chemistry, 2003, 14(6): 1289–1297.

〔113〕MAHMOUD K A, MENA J A, MALE K B, et al. Effect of surface charge on the cellular uptake and cytotoxicity of fluorescent labeled cellulose nanocrystals〔J〕. ACS Applied Materials & Interfaces, 2010, 2(10): 2924–2932.

〔114〕SCHÜTZ C, SORT J, BACSIK Z, et al. Hard and transparent films formed by nanocellulose–TiO$_2$ nanoparticle hybrids〔J〕. Plos One, 2012, 7(10): e45828.

〔115〕HONG F, WEI B, CHEN L. Preliminary study on biosynthesis of bacterial nanocellulose tubes in a novel double–silicone–tube bioreactor for potential vascular prosthesis〔J〕. BioMed Research International, 2015:1–9.

〔116〕FU L, ZHOU P, ZHANG S, et al. Evaluation of bacterial nanocellulose–based uniform wound dressing for large area skin transplantation〔J〕. Materials Science and Engineering: C, 2013, 33(5): 2995–3000.

〔117〕MORITZ S, WIEGAND C, WESARG F, et al. Active wound dressings based on bacterial nanocellulose as drug delivery system for octenidine〔J〕. International Journal of Pharmaceutics, 2014, 471(1–2): 45–55.

〔118〕MÜLLER A, WESARG F, HESSLER N, et al. Loading of bacterial nanocellulose hydrogels with proteins using a high–speed technique〔J〕. Carbohydrate Polymers, 2014(106): 410–413.

〔119〕MÜLLER A, NI Z, HESSLER N, et al. The biopolymer bacterial nanocellulose as drug delivery system: investigation of drug loading and release using the model protein albumin〔J〕. Journal of Pharmaceutical Sciences, 2013, 102(2): 579–592.

〔120〕ÁVILA H M, FELDMANN E M, PLEUMEEKERS M M, et al. Novel bilayer bacterial nanocellulose scaffold supports neocartilage formation in vitro and in vivo〔J〕. Biomaterials, 2015(44): 122–133.

〔121〕FERRAZ N, LESCHINSKAYA A, TOOMADJ F, et al. Membrane characterization and solute diffusion in porous composite nanocellulose membranes for hemodialysis〔J〕. Cellulose, 2013, 20(6): 2959–2970.

〔122〕FERRAZ N, MIHRANYAN A. Is there a future for electrochemically assisted hemodialysis? Focus on the application of polypyrrole–nanocellulose composites〔J〕. Nanomedicine, 2014, 9(7): 1095–1110.

〔123〕RAZAQ A, NYSTRÖM G, STRØMME M, et al. High–capacity conductive nanocellulose paper sheets for electrochemically controlled extraction of DNA oligomers〔J〕. Plos One, 2011, 6(12): e29243.

〔124〕BERNDT S, WESARG F, WIEGAND C, et al. Antimicrobial porous hybrids consisting of bacterial nanocellulose and silver nanoparticles〔J〕. Cellulose, 2013, 20(2): 771–783.

〔125〕CHINGA–CARRASCO G, SYVERUD K. Pretreatment–dependent surface chemistry of wood nanocellulose for pH–sensitive hydrogels〔J〕. Journal of Biomaterials Applications, 2014, 29(3): 423–432.

〔126〕 REES A, POWELL L C, CHINGA-CARRASCO G, et al. 3D bioprinting of carboxymethylated-periodate oxidized nanocellulose constructs for wound dressing applications〔J〕. BioMed Research International, 2015:1-7.

〔127〕 ARAMWIT P, BANG N. The characteristics of bacterial nanocellulose gel releasing silk sericin for facial treatment〔J〕. BMC biotechnology, 2014, 14(1): 1-11.

〔128〕 LIN N, BRUZZESE C, DUFRESNE A. TEMPO-oxidized nanocellulose participating as crosslinking aid for alginate-based sponges〔J〕. ACS Applied Materials & Interfaces, 2012, 4(9): 4948-4959.

〔129〕 ANIRUDHAN T S, REJEENA S R. Poly (acrylic acid-co-acrylamide-co-2-acrylamido-2-methyl-1-propanesulfonic acid)-grafted nanocellulose/poly (vinyl alcohol) composite for the in vitro gastrointestinal release of amoxicillin〔J〕. Journal of Applied Polymer Science, 2014, 131(17):40699.

〔130〕 PARK M, LEE D, HYUN J. Nanocellulose-alginate hydrogel for cell encapsulation〔J〕. Carbohydrate Polymers, 2015(116): 223-228.

〔131〕 ZANDER N E, DONG H, STEELE J, et al. Metal cation cross-linked nanocellulose hydrogels as tissue engineering substrates〔J〕. ACS Applied Materials & Interfaces, 2014, 6(21): 18502-18510.

〔132〕 CHENG J, PARK M, HYUN J. Thermoresponsive hybrid hydrogel of oxidized nanocellulose using a polypeptide crosslinker〔J〕. Cellulose, 2014, 21(3): 1699-1708.

〔133〕 JIANG F, HSIEH Y L. Super water absorbing and shape memory nanocellulose aerogels from TEMPO-oxidized cellulose nanofibrils via cyclic freezing-thawing〔J〕. Journal of Materials Chemistry A, 2014, 2(2): 350-359.

〔134〕 LU T, LI Q, CHEN W, et al. Composite aerogels based on dialdehyde nanocellulose and collagen for potential applications as wound dressing and tissue engineering scaffold〔J〕. Composites Science and Technology, 2014(94): 132-138.

〔135〕 JAFARY R, KHAJEH MEHRIZI M, HEKMATIMOGHADDAM S, et al. Antibacterial property of cellulose fabric finished by allicin-conjugated nanocellulose〔J〕. The Journal of The Textile Institute, 2015, 106(7): 683-689.

〔136〕 JEBALI A, HEKMATIMOGHADDAM S, BEHZADI A, et al. Antimicrobial activity of nanocellulose conjugated with allicin and lysozyme〔J〕. Cellulose, 2013, 20(6): 2897-2907.

〔137〕 MARKSTEDT K, MANTAS A, TOURNIER I, et al. 3D bioprinting human chondrocytes with nanocellulose-alginate bioink for cartilage tissue engineering applications〔J〕. Biomacromolecules, 2015, 16(5): 1489-1496.

〔138〕 SUKUL M, NGUYEN T B L, MIN Y K, et al. Effect of local sustainable release of BMP2-VEGF from nano-cellulose loaded in sponge biphasic calcium phosphate on bone regeneration〔J〕. Tissue Engineering Part A, 2015, 21(11-12): 1822-1836.

〔139〕 SUKUL M, MIN Y K, LEE S Y, et al. Osteogenic potential of simvastatin loaded gelatin-nanofibrillar cellulose-β tricalcium phosphate hydrogel scaffold in critical-sized rat calvarial defect [J]. European Polymer Journal, 2015(73): 308-323.

[140] HU L, ZHENG G, YAO J, et al. Transparent and conductive paper from nanocellulose fibers [J]. Energy & Environmental Science, 2013, 6(2): 513-518.

[141] LI Y, ZHU H, SHEN F, et al. Nanocellulose as green dispersant for two-dimensional energy materials [J]. Nano Energy, 2015(13): 346-354.

[142] LIU D Y, SUI G X, BHATTACHARYYA D. Synthesis and characterisation of nanocellulose-based polyaniline conducting films [J]. Composites Science and Technology, 2014(99): 31-36.

[143] UETANI K, OKADA T, OYAMA H T. Crystallite size effect on thermal conductive properties of nonwoven nanocellulose sheets [J]. Biomacromolecules, 2015, 16(7): 2220-2227.

[144] WANG Z, XU C, TAMMELA P, et al. Flexible freestanding Cladophora nanocellulose paper-based Si anodes for lithium-ion batteries [J]. Journal of Materials Chemistry A, 2015, 3(27): 14109-14115.

[145] XUE J, SONG F, YIN X, et al. Let it shine: a transparent and photoluminescent foldable nanocellulose/ quantum dot paper [J]. ACS Applied Materials & Interfaces, 2015, 7(19): 10076-10079.

[146] KOGA H, SAITO T, KITAOKA T, et al. Transparent, conductive, and printable composites consisting of TEMPO-oxidized nanocellulose and carbon nanotube [J]. Biomacromolecules, 2013, 14(4): 1160-1165.

[147] NGUYEN DANG L, SEPPÄLÄ J. Electrically conductive nanocellulose/graphene composites exhibiting improved mechanical properties in high-moisture condition [J]. Cellulose, 2015, 22(3): 1799-1812.

[148] CHINDAWONG C, JOHANNSMANN D. An anisotropic ink based on crystalline nanocellulose: potential applications in security printing [J]. Journal of Applied Polymer Science, 2014, 131(22):41063.

[149] HAMEDI M, KARABULUT E, MARAIS A, et al. Nanocellulose aerogels functionalized by rapid layer-by-layer assembly for high charge storage and beyond [J]. Angewandte Chemie, 2013, 125(46): 12260-12264.

[150] KORHONEN J T, HIEKKATAIPALE P, MALM J, et al. Inorganic hollow nanotube aerogels by atomic layer deposition onto native nanocellulose templates [J]. ACS Nano, 2011, 5(3): 1967-1974.

[151] TAMMELA P, WANG Z, FRYKSTRAND S, et al. Asymmetric supercapacitors based on carbon nanofibre and polypyrrole/nanocellulose composite electrodes [J]. RSC Advances, 2015, 5(21): 16405-16413.

[152] WANG Z, CARLSSON D O, TAMMELA P, et al. Surface modified nanocellulose fibers yield conducting polymer-based flexible supercapacitors with enhanced capacitances [J]. ACS Nano, 2015, 9(7): 7563-7571.

[153] WANG Z, TAMMELA P, STRØMME M, et al. Nanocellulose coupled flexible polypyrrole@ graphene

oxide composite paper electrodes with high volumetric capacitance [J]. Nanoscale, 2015, 7(8): 3418–3423.

[154] WANG Z, TAMMELA P, ZHANG P, et al. Freestanding nanocellulose–composite fibre reinforced 3D polypyrrole electrodes for energy storage applications [J]. Nanoscale, 2014, 6(21): 13068–13075.

[155] CHUN S J, CHOI E S, LEE E H, et al. Eco–friendly cellulose nanofiber paper–derived separator membranes featuring tunable nanoporous network channels for lithium–ion batteries [J]. Journal of Materials Chemistry, 2012, 22(32): 16618–16626.

[156] CHOI K H, CHO S J, CHUN S J, et al. Heterolayered, one–dimensional nanobuilding block mat batteries [J]. Nano Letters, 2014, 14(10): 5677–5686.

[157] KIM J H, KIM J H, CHOI E S, et al. Colloidal silica nanoparticle–assisted structural control of cellulose nanofiber paper separators for lithium–ion batteries [J]. Journal of Power Sources, 2013(242): 533–540.

[158] KANG Y J, CHUN S J, LEE S S, et al. All–solid–state flexible supercapacitors fabricated with bacterial nanocellulose papers, carbon nanotubes, and triblock–copolymer ion gels [J]. ACS Nano, 2012, 6(7): 6400–6406.

[159] WANG L, SCHÜTZ C, SALAZAR–ALVAREZ G, et al. Carbon aerogels from bacterial nanocellulose as anodes for lithium ion batteries [J]. Rsc Advances, 2014, 4(34): 17549–17554.

[160] KOBAYASHI Y, SAITO T, ISOGAI A. Aerogels with 3D ordered nanofiber skeletons of liquid–crystalline nanocellulose derivatives as tough and transparent insulators [J]. Angewandte Chemie International Edition, 2014, 53(39): 10354–10397.

[161] PENTTILÄ A, SIEVÄNEN J, TORVINEN K, et al. Filler–nanocellulose substrate for printed electronics: experiments and model approach to structure and conductivity [J]. Cellulose, 2013, 20(3): 1413–1424.

[162] TORVINEN K, SIEVÄNEN J, HJELT T, et al. Smooth and flexible filler–nanocellulose composite structure for printed electronics applications [J]. Cellulose, 2012, 19(3): 821–829.

[163] LUONG N D, KORHONEN J T, SOININEN A J, et al. Processable polyaniline suspensions through in situ polymerization onto nanocellulose [J]. European Polymer Journal, 2013, 49(2): 335–344.

[164] ANIRUDHAN T S, REJEENA S R. Poly (acrylic acid)–modified poly (glycidylmethacrylate)–grafted nanocellulose as matrices for the adsorption of lysozyme from aqueous solutions [J]. Chemical Engineering Journal, 2012(187): 150–159.

[165] ANIRUDHAN T S, REJEENA S R. Poly (methacrylic acid–co–vinyl sulfonic acid)–grafted–magnetite/nanocellulose superabsorbent composite for the selective recovery and separation of immunoglobulin from aqueous solutions [J]. Separation and Purification Technology, 2013(119): 82–93.

[166] ANIRUDHAN T S, REJEENA S R. Selective adsorption of hemoglobin using polymer–grafted–

magnetite nanocellulose composite [J]. Carbohydrate Polymers, 2013, 93(2): 518–527.

[167] ANIRUDHAN T S, REJEENA S R, THARUN A R. Investigation of the extraction of hemoglobin by adsorption onto nanocellulose-based superabsorbent composite having carboxylate functional groups from aqueous solutions: kinetic, equilibrium, and thermodynamic profiles [J]. Industrial & Engineering Chemistry Research, 2013, 52(32): 11016–11028.

[168] JEBALI A, YASINI ARDAKANI S A, SEDIGHI N, et al. Nanocellulose conjugated with retinoic acid: its capability to adsorb aflatoxin B1 [J]. Cellulose, 2015, 22(1): 363–372.

[169] JEBALI A, ARDAKANI S A Y, SHAHDADI H, et al. Modification of nanocellulose by poly-lysine can inhibit the effect of fumonisin B1 on mouse liver cells [J]. Colloids and Surfaces B: Biointerfaces, 2015(126): 437–443.

[170] JEBALI A, BEHZADI A, REZAPOR I, et al. Adsorption of humic acid by amine-modified nanocellulose: an experimental and simulation study [J]. International Journal of Environmental Science and Technology, 2015, 12(1): 45–52.

[171] ZHANG Z, SÈBE G, RENTSCH D, et al. Ultralightweight and flexible silylated nanocellulose sponges for the selective removal of oil from water [J]. Chemistry of Materials, 2014, 26(8): 2659–2668.

[172] KORHONEN J T, KETTUNEN M, RAS R H A, et al. Hydrophobic nanocellulose aerogels as floating, sustainable, reusable, and recyclable oil absorbents [J]. ACS applied Materials & Interfaces, 2011, 3(6): 1813–1816.

[173] WESARG F, SCHLOTT F, GRABOW J, et al. In situ synthesis of photocatalytically active hybrids consisting of bacterial nanocellulose and anatase nanoparticles [J]. Langmuir, 2012, 28(37): 13518–13525.

[174] MENG Y, YOUNG T M, LIU P, et al. Ultralight carbon aerogel from nanocellulose as a highly selective oil absorption material [J]. Cellulose, 2015, 22(1): 435–447.

[175] WEI H, RODRIGUEZ K, RENNECKAR S, et al. Preparation and evaluation of nanocellulose-gold nanoparticle nanocomposites for SERS applications [J]. Analyst, 2015, 140(16): 5640–5649.

[176] WEI H, RODRIGUEZ K, RENNECKAR S, et al. Environmental science and engineering applications of nanocellulose-based nanocomposites [J]. Environmental Science: Nano, 2014, 1(4): 302–316.

[177] PENG S, MENG H, OUYANG Y, et al. Nanoporous magnetic cellulose-chitosan composite microspheres: preparation, characterization, and application for Cu (Ⅱ) adsorption [J]. Industrial & Engineering Chemistry Research, 2014, 53(6): 2106–2113.

[178] LI Y, XIAO H, CHEN M, et al. Absorbents based on maleic anhydride-modified cellulose fibers/ diatomite for dye removal [J]. Journal of Materials Science, 2014, 49(19): 6696–6704.

[179] FAVIER V, CHANZY H, CAVAILLE J Y. Polymer nanocomposites reinforced by cellulose whiskers [J]. Macromolecules, 1995, 28(18): 6365–6367.

［180］ABRAHAM E, ELBI P A, DEEPA B, et al. X-ray diffraction and biodegradation analysis of green composites of natural rubber/nanocellulose ［J］. Polymer Degradation and Stability, 2012, 97(11): 2378-2387.

［181］ARBOLEDA J C, HUGHES M, LUCIA L A, et al. Soy protein-nanocellulose composite aerogels ［J］. Cellulose, 2013, 20(5): 2417-2426.

［182］AUAD M L, CONTOS V S, NUTT S, et al. Characterization of nanocellulose-reinforced shape memory polyurethanes ［J］. Polymer International, 2008, 57(4): 651-659.

［183］AUAD M L, RICHARDSON T, HICKS M, et al. Shape memory segmented polyurethanes: dependence of behavior on nanocellulose addition and testing conditions ［J］. Polymer International, 2012, 61(2): 321-327.

［184］FARUK O, SAIN M, FARNOOD R, et al. Development of lignin and nanocellulose enhanced bio PU foams for automotive parts ［J］. Journal of Polymers and the Environment, 2014, 22(3): 279-288.

［185］HERVY M, EVANGELISTI S, LETTIERI P, et al. Life cycle assessment of nanocellulose-reinforced advanced fibre composites ［J］. Composites Science and Technology, 2015(118): 154-162.

［186］JUNTARO J, POMMET M, MANTALARIS A, et al. Nanocellulose enhanced interfaces in truly green unidirectional fibre reinforced composites ［J］. Composite Interfaces, 2007, 14(7-9): 753-762.

［187］DAI D, FAN M. Green modification of natural fibres with nanocellulose ［J］. Rsc Advances, 2013, 3(14): 4659-4665.

［188］AULIN C, STRØM G. Multilayered alkyd resin/nanocellulose coatings for use in renewable packaging solutions with a high level of moisture resistance ［J］. Industrial & Engineering Chemistry Research, 2013, 52(7): 2582-2589.

［189］DEHNAD D, EMAM-DJOMEH Z, MIRZAEI H, et al. Optimization of physical and mechanical properties for chitosan-nanocellulose biocomposites ［J］. Carbohydrate Polymers, 2014(105): 222-228.

［190］DEHNAD D, MIRZAEI H, EMAM-DJOMEH Z, et al. Thermal and antimicrobial properties of chitosan-nanocellulose films for extending shelf life of ground meat ［J］. Carbohydrate Polymers, 2014(109): 148-154.

［191］AZEREDO H M C, MATTOSO L H C, AVENA-BUSTILLOS R J, et al. Nanocellulose reinforced chitosan composite films as affected by nanofiller loading and plasticizer content ［J］. Journal of Food Science, 2010, 75(1): N1-N7.

［192］KESHAVARZI N, MASHAYEKHY RAD F, MACE A, et al. Nanocellulose-zeolite composite films for odor elimination ［J］. ACS Applied Materials & Interfaces, 2015, 7(26): 14254-14262.

［193］DONIUS A E, LIU A, BERGLUND L A, et al. Superior mechanical performance of highly porous, anisotropic nanocellulose-montmorillonite aerogels prepared by freeze casting ［J］. Journal of the Mechanical Behavior of Biomedical materials, 2014(37): 88-99.

［194］ WICKLEIN B, KOCJAN A, SALAZAR-ALVAREZ G, et al. Thermally insulating and fire-retardant lightweight anisotropic foams based on nanocellulose and graphene oxide［J］. Nature Nanotechnology, 2015, 10(3): 277-283.

［195］ NOURBAKHSH S. Comparison between laser application and atmospheric air plasma treatment on nanocellulose coating of polyester and nylon 66 fabrics［J］. Journal of Laser Applications, 2015, 27(1): 012005.

［196］ PARK S H, LEE S G, KIM S H. The use of a nanocellulose-reinforced polyacrylonitrile precursor for the production of carbon fibers［J］. Journal of Materials Science, 2013, 48(20): 6952-6959.

［197］ RUIZ-PALOMERO C, SORIANO M L, Valcárcel M. Ternary composites of nanocellulose, carbonanotubes and ionic liquids as new extractants for direct immersion single drop microextraction ［J］. Talanta, 2014(125): 72-77.

［198］ RUIZ-PALOMERO C, SORIANO M L, VALCÁRCEL M. β-Cyclodextrin decorated nanocellulose: a smart approach towards the selective fluorimetric determination of danofloxacin in milk samples［J］. Analyst, 2015, 140(10): 3431-3438.

第二章

纳米纤维素的绿色高得率制备

相较于其他制备方法，采用化学法可以实现快速、高得率地制备出纳米纤维素，而化学法制备纳米纤维素主要是采用酸水解法，即通过硫酸或盐酸水解纤维素而制备。酸提供的氢离子先进入纤维素的无定形区，使其水解；而结晶区的纤维素主要是晶体表面参加反应。在传统强酸水解法制备纳米纤维素的过程中，纤维素的水解程度难以控制，容易造成结晶区的破坏，得率较低，而且酸液的腐蚀性较大，产生的废液回收处理困难。无机酸水解法面临生产成本问题和使用浓强酸带来的设备挑战，使人们不得不寻找一种反应条件温和、低污染、环境友好的制备方法。随着经济技术的发展及人们对新材料的需求的增加，纳米纤维素的绿色、高效化的制备和改性引起人们的重视，怎样运用化学手段使纳米纤维素具有新的功能，从而拓宽纳米纤维素的应用范围，获得先进的新型纳米纤维素功能材料，成为目前纤维素科学研究的热点。

第一节　对甲苯磺酸绿色制备纳米纤维素

与传统的无机酸水解法相比，有机酸水解法具有对设备腐蚀低、酸易回收等优点，所得产品分散稳定性好，极具开发前景。对甲苯磺酸（TsOH）是一种来源广、环境友好的有机酸，可溶于水、醇和其他极性试剂，可作为反应过程中的催化剂和稳定剂，也可以用于有机合成[1]。利用其催化水解纤维素原料制备CNC的工艺条件温和，能耗低，试剂可循环使用，解决了常规制备方法能耗高、环境负荷大的问题。超声波空化作用可改变纤维素的形态和结构，使其分子间氢键作用减弱，细胞壁破裂，次生壁中层暴露，表面积增加，从而提高了纤维素的可及度[2]，一定程度的超声波作用对CNC的得率提高有促进作用。本节采用超声辅助对甲苯磺酸水解制备纳米纤维素，对制备过程中影响CNC的得率、形貌、结构、理化性质等的影响因素及超声波作用提高CNC制备效率等方面进行了研究，以优化高效、高得率制备CNC的最佳条件。

一、纳米纤维素的制备

（一）CNC的制备

称取80g对甲苯磺酸于三口烧瓶内，调其浓度为80%。加入3.33g纤维素原料调其酸料比值为24.02，置于80℃油浴锅内，搅拌反应45min后再用超声波处理2h（反应温度70℃，功率为100W，频率为50Hz）。经离心处理后得到CNC，收集备用。

（二）CNC得率的计算方法

首先测出CNC悬浮液总体积V，取50mL置于培养皿中，放进100℃烘箱烘干至质量恒定，称量。由式（2-1）计算得率Y：

$$Y = \frac{(m_1 - m_2)V_1}{V_2 m} \times 100\% \qquad (2-1)$$

式中：m_1——干燥后的CNC和培养皿的质量，g；

　　　m_2——培养皿的质量，g；

　　　V_1——CNC悬浮液的总体积，mL；

　　　m——纤维素原料的质量，g；

　　　V_2——培养皿中CNC悬浮液体积，mL。

（三）制备条件分析

图2-1表明反应温度、反应时间和超声波作用时间对CNC的影响。从图2-1可以看出当温度为60~80℃时，得率随温度升高呈上升趋势，80℃时达到最大。随后继续升高温度，得率逐渐下降。出现这种现象的原因是纤维素糖苷键在一定温度作用后易断裂，从而使得率提高。而继续升温，部分纤维素完全水解成葡萄糖、乙酸醛、酮和CO等小分子产物[3]，使得率下降。反应时间与得率关系也是呈现出先增加后降低的趋势，在45min时CNC得率最高，为51.66%。75min时降到最低，为22.49%。这是由于长时间的反应对纤维素的结晶区造成一定的破坏，从而使得率下降。实验结果表明超声处理对CNC得率有促进作用，但一定时间后得率下降。这是因为天然的纤维素具有复杂的形态结构和聚集态结构，分子内氢键较多，结晶度较高。这就导致了纤维素分子内可反应性羟基关闭，从而降低了纤维

素对试剂和溶剂的可及度。超声空化作用改变了纤维素的形态和结构，分子间氢键作用减弱，细胞壁破裂，次生壁中层暴露，表面积增加，从而提高了纤维素的可及度。在短时间内，超声功率不足以影响结晶区内完整的晶区结构，而无定形区和存在缺陷的晶区结构先后被水解，所以纳米纤维素的得率较高。继续增加超声时间，纤维素分子内氢键作用降到最低后，可及度不再增加，完整的晶区结构也逐渐被水解成水溶性糖类物质，从而使得率下降[2, 4-7]。实验结果表明，在反应温度80℃、反应时间45min和超声时间2h的条件下，CNC得率最高，为51.66%。

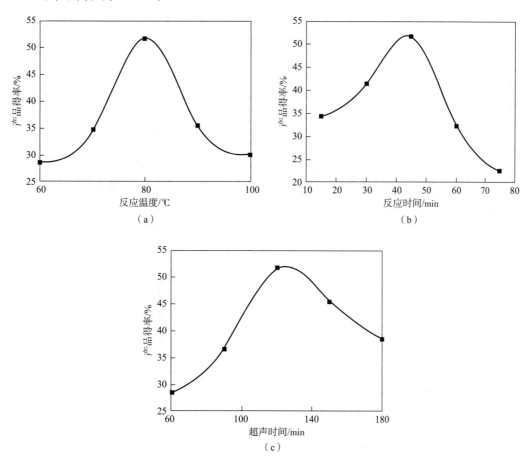

图2-1　反应温度、反应时间和超声波作用时间对CNC的影响

二、性能表征

采用场发射扫描电子显微镜（FESEM）、场发射透射电子显微镜（FETEM）对纳米纤维素的表面形貌和尺寸进行分析表征。采用X射线粉末衍射仪（XRD）测试纤维原料和冷冻干燥后的纳米纤维素粉末的晶体结构。采用傅里叶变换红外光谱（FTIR）对机械力化学处理前后纤维素样品的表面官能团和化学结构的变化进行分析表征。纤维素样品的热稳定

性采用同步热分析仪进行表征。

（一）形貌分析

从图2-2可以看出，纤维原料呈带状结构，宽为0.8~2.6μm，分散较为均匀。而CNC尺寸较小，直径为10~40nm，长度为400~700nm，并且呈现出棒状结构。这是由于在CNC的制备过程中，无定形区首先遭到破坏，进而破坏结晶区，因此，结晶区得到了较多的保留。CNC比表面积大，暴露的羟基更多，所以更容易形成氢键，因此会发生团聚[8]，呈现出网状结构（图2-3）。

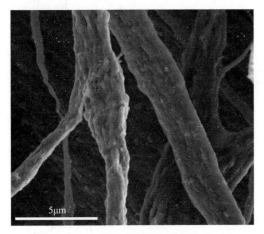

图2-2　纤维原料扫描电镜图

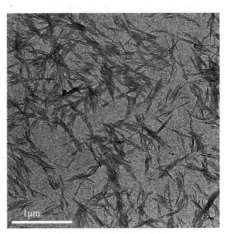

图2-3　CNC透射电镜图

（二）XRD分析

图2-4为纤维原料和CNC的XRD图谱。从图中可以看出在15.2°和16.2°出现了强峰，对应的是纤维素晶体的（101）面，22.6°的强峰对应纤维素晶体的（002）面[9]。因此认为二者均为纤维素Ⅰ型。经过计算，纤维原料的结晶度为66.25%，CNC的结晶度为72.50%。由于在制备过程中，首先破坏纤维素的无定形区，氢键断裂，而结晶区得到较为完整的保留，所以CNC结晶度有所提高。

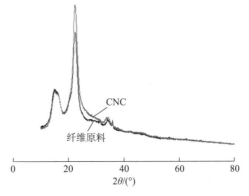

图2-4　纤维原料与CNC样品的X射线衍射图谱

（三）FTIR分析

图2-5为纤维原料和CNC红外图，从图中可以看出原料在3349.84cm⁻¹处有吸收峰，CNC

在3423.2cm⁻¹处有吸收峰，说明二者都存在—OH。而CNC的峰强度较原料高，并且发生了位移。这是因为纤维素变成了纳米级，尺寸变小，表面积增大，表面暴露的羟基变多，所以会发生一定的位移。在2899.37cm⁻¹和1433.22cm⁻¹处出现了C—H的伸缩振动峰和弯曲振动峰，1642.95cm⁻¹处对应的是C＝O吸收峰。另外，1066.46cm⁻¹处对应的是醇的C—O伸缩振动。1166.14cm⁻¹和1113.48cm⁻¹处分别对应醚的C—O伸缩振动和C—C骨架的伸缩振动。总体而言，二者的红外特征峰基本一致。

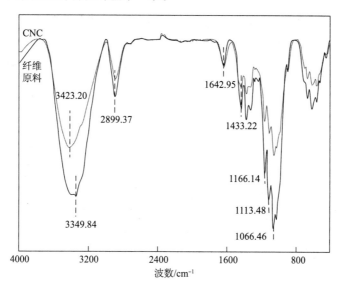

图2-5　纤维原料与CNC样品的红外图谱

（四）热重分析

从图2-6可以看出，在室温至300℃时，纤维原料和CNC呈现一个平稳且缓慢的质量损失过程，这部分主要是水的受热蒸发。300~365℃为主要热损失区间，纤维原料和CNC都开始大量受热分解。原料的起始分解温度为324.3℃，最大分解速率温度为351.3℃；CNC起始分解温度为311℃，最大分解速率温度为338.6℃。CNC的平均聚合度和尺寸较纤维素小，比表面积大。在加热过程中，纤维素分子发生断裂，暴露的基团也随之增

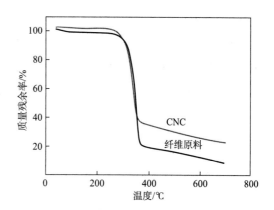

图2-6　纤维原料与CNC样品的热重分析

多，导致CNC起始分解温度有所下降。由XRD分析可知，CNC的结晶度较纤维原料大，而在受热过程中，无定形区的分解速率较结晶区大，所以纤维原料的降解率较大。

三、本节小结

（1）以纸浆为原料，经对甲苯磺酸催化水解制备了CNC，研究表明，采用对甲苯磺酸制备CNC过程绿色、环境负荷小，对甲苯磺酸可重结晶回收循环使用。相较于无机酸水解，CNC的得率得到了大幅度提高，同时缩短了反应时间，减少了对设备的腐蚀及环境污染。实验结果表明，一定的超声作用可以提高CNC得率。在反应时间45min、反应温度80℃和超声波作用时间2h的工艺条件下，CNC得率最高，为51.66%。

（2）对CNC进行表征，TEM结果显示CNC为棒状结构，直径为10~40nm，长度为400~700nm，且呈现出团聚现象；XRD表明CNC结晶度为72.5%，较纤维原料有所提高，二者均为纤维素纤维 I 型；TGA分析表明CNC分解温度较纤维原料低，但因CNC结晶度高，故热学性能较纤维原料稳定，热降解率较低。

第二节　胶体磨辅助磷酸水解制备纳米纤维素及其衍生物

磷酸对纤维素有很强的溶解能力，其作为纤维素的优良溶剂，能快速溶解纤维素，并且不易使纤维素因反应过度而降解。它能使纤维素的无定形区发生部分水解且不被完全降解，也能使纤维素的结晶区发生部分水解。

采用以磷酸为助剂的机械力化学法制备纳米纤维素，成本低，得率高，操作简单，污染小。该方法能充分利用过程中的机械力、热力及化学作用，产生协同效应，使纤维素化学键断裂，体系处于活性状态，反应活化能降低，从而催化激发反应发生与进行；该方法反应条件温和，对纤维素降解损伤小，操作方便。同时，将这种方法应用到制备改性纳米纤维素中，通过加入不同的催化剂，得到不同的改性纳米纤维素。

一、纳米纤维素的制备

（一）制备方法

将人造纤维浆（以下简称为人纤浆）用蒸馏水浸泡8h后，在标准纤维解离器中以3000r/min疏解10min，抽滤，反复水洗抽滤，冷冻干燥后放入干燥器待用。分别采用常规化学法和以磷酸为助剂的机械力化学法制备纳米纤维素。具体步骤如下：将1.5g人纤浆和一定浓度的30mL H_3PO_4 溶液混合，在一定温度下搅拌或搅拌球磨一定时间，反应结束后加入15mL蒸馏水使纤维素析出，离心得到胶状沉淀。反复离心洗涤至上清液pH＝7。将胶状沉淀加水稀释至150mL，在超声频率40kHz、功率250W下处理一定时间，离心即得到纳米纤维素悬浮液。

测量纳米纤维素悬浮液的体积。用50mL移液管移取50mL于已称重的称量皿中，在105℃下烘干至恒重，在干燥器内冷却5min后称重。纳米纤维素的得率按式（2-2）计算。

$$得率（\%）=\frac{(m_1-m_2)V_1}{m_3V_2}\times100\% \qquad （2-2）$$

式中：m_1——烘干后纳米纤维素与称量皿的质量，g；

$\quad\quad$ m_2——称量皿的质量，g；

$\quad\quad$ m_3——人纤浆的质量，g；

$\quad\quad$ V_1——纳米纤维素悬浮液体积，mL；

$\quad\quad$ V_2——称量皿中纳米纤维素悬浮液体积，mL。

（二）常规化学法和机械力化学法的对比

在H_3PO_4浓度83%，反应温度为50℃，反应时间为2.5h，超声时间2h的条件下，以及搅拌和搅拌球磨作用下，纳米纤维素的得率分别为63.02%和77.37%。由于磷酸溶液本身黏度较大，当溶解纤维素后，黏度更大。采用常规化学法进行制备时，浆团表面发生润胀溶解，但是磷酸溶液无法充分渗透到浆团内部。提高温度可以降低磷酸溶液的黏度，因此纤维素/磷酸溶液的黏度也会降低。但当温度升高后，纤维素发生降解。当温度升高到55℃时，在无机械力化学作用下纳米纤维素得率为45%，离心后沉淀干重占人纤浆质量的35%。实验结果表明，与无机械力化学作用相比，机械力化学作用可以适当降低磷酸黏度，同时制备出的纳米纤维素得率更高。因此，后续实验均采用以磷酸为助剂的机械力化学法来制备纳米纤维素。

（三）单因素实验

影响纳米纤维素得率的主要因素有反应时间、反应温度、H_3PO_4浓度、超声时间。通过单因素实验研究各因素对纳米纤维素得率的影响，确定它们作用的合适范围，为下一步采用响应面优化制备纳米纤维素工艺条件提供依据。

1.反应时间对纳米纤维素得率的影响

在反应温度50℃，H_3PO_4浓度83%，超声时间2h的条件下，研究反应时间对纳米纤维素得率的影响。由图2-7可知，纳米纤维素得率随着反应时间的增加而增加，反应时间为3h左右时，纳米纤维素得率最大。当反应时间超过3h后，纳米纤维素得率明显降低。这是由于当反应时间小于3h时，反应时间越长，人纤浆充分润胀并溶解，加水析出后形成的纤维素胶状物润胀度越高，越容易在超声作用下分散成纳米纤维素。反应时间超过3h后得率下降是由于反应过度导致纤维素水解成糖类。

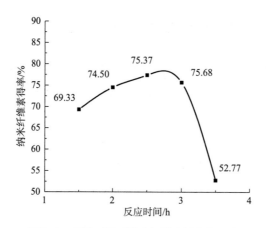

图2-7　反应时间对纳米纤维素得率的影响

2.反应温度对纳米纤维素得率的影响

由图2-8可知，在反应时间2.5h，H_3PO_4浓度83%，超声时间2h的条件下，纳米纤维素得率随着反应温度的增加而增加，反应温度为50℃左右时，得率最大。当反应温度超过50℃后，得率明显降低。这可能是由于在反应温度低于50℃时，纤维素/H_3PO_4溶液的黏度较大，反应过程中搅拌球磨的阻力增大导致纤维素受到的研磨作用减弱，故得率较低。当反应温度高于50℃时，纳米纤维素得率降低，是因为纤维素反应过度水解生成糖类。

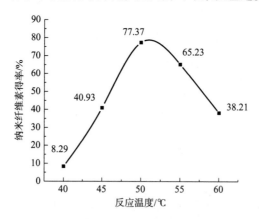

图2-8　反应温度对纳米纤维素得率的影响

3.H_3PO_4浓度对纳米纤维素得率的影响

在反应温度50℃，反应时间2.5h，超声时间2h的条件下，研究H_3PO_4浓度对纳米纤维素得率的影响。由图2-9可知，纳米纤维素得率随着H_3PO_4浓度的增加而增加，H_3PO_4浓度为81%左右时，纳米纤维素得率最大。当H_3PO_4浓度超过81%后，纳米纤维素得率明显降低。这可能是由于H_3PO_4溶液黏度增大，搅拌球磨的阻力增大导致纤维素受到的研磨作用减弱。

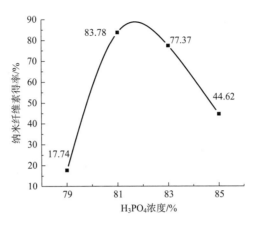

图2-9　H₃PO₄浓度对纳米纤维素得率的影响

4.超声时间对纳米纤维素得率的影响

由图2-10可知，在反应温度50℃，反应时间2.5h，H₃PO₄浓度83%的条件下，纳米纤维素得率随着超声时间的增加而增加，超声时间为2h左右时，纳米纤维素得率最大。当超声时间大于2h时，纳米纤维素得率明显降低。这可能是由于时间过长而导致部分已分散的纳米纤维素重新团聚。

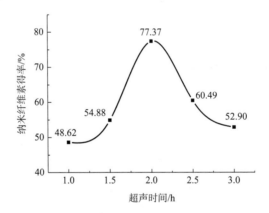

图2-10　超声时间对纳米纤维素得率的影响

（四）响应面实验优化制备工艺条件

1.响应面实验结果及方差分析

利用响应面实验设计方法中的Box-behnken模式设计实验。以H₃PO₄浓度（X_1）、反应时间（X_2）、反应温度（X_3）、超声时间（X_4）为自变量，在单因素实验的基础上选取各自变量的取值范围分别为80%~83%，1.5~3.5h，45~55℃，1~3h。采用式（2-3）对自变量进行编码：

$$x_i = (X_i - X_0) / \Delta X \qquad (2-3)$$

式中：x_i——自变量的编码值；

X_i——自变量的真实值；

X_0——因素实验中心点的真实值；

ΔX——因素的变化步长。

实验自变量因素的编码及水平见表2-1。

表2-1 实验自变量因素的编码及水平

自变量因素	编码及水平		
	−1	0	+1
H_3PO_4浓度X_1/%	80	81.5	83
反应时间X_2/min	100	150	200
反应温度X_3/℃	45	50	55
超声时间X_4/h	1	2	3

注 $x_1 = (X_1-81.5)/1.5$；$x_2 = (X_2-2.5)/1$；$x_3 = (X_3-50)/5$；$x_4 = (X_4-2.5)/1$。

响应面实验设计与结果见表2-2。

表2-2 响应面实验设计与结果

实验序号	自变量				响应值 Y	
	X_1/%	X_2/min	X_3/℃	X_4/h	得率/%	回归方程预测值
1	−1（80）	−1（100）	0（50）	0（2）	19.73	19.78
2	1（83）	−1（100）	0（50）	0（2）	70.42	70.37
3	−1（80）	1（200）	0（50）	0（2）	60.36	60.41
4	1（83）	1（200）	0（50）	0（2）	62.74	62.69
5	0（81.5）	0（150）	−1（45）	−1（1）	79.47	79.92
6	0（81.5）	0（150）	1（55）	−1（1）	80.99	80.54
7	0（81.5）	0（150）	−1（45）	1（3）	73.31	72.86
8	0（81.5）	0（150）	1（55）	1（3）	73.03	73.48
9	−1（80）	0（150）	0（50）	−1（1）	34.70	34.43
10	1（83）	0（150）	0（50）	−1（1）	50.28	50.12
11	−1（80）	0（150）	0（50）	1（3）	23.80	23.54
12	1（83）	0（150）	0（50）	1（3）	60.86	60.70

续表

实验序号	自变量				响应值 Y	
	X_1/%	X_2/min	X_3/℃	X_4/h	得率/%	回归方程预测值
13	0（81.5）	−1（100）	−1（45）	0（2）	42.52	42.31
14	0（81.5）	1（200）	−1（45）	0（2）	66.22	66.01
15	0（81.5）	−1（100）	−1（45）	0（2）	59.57	59.36
16	0（81.5）	1（200）	1（55）	0（2）	66.35	66.14
17	−1（80）	0（150）	−1（45）	0（2）	19.52	19.73
18	1（83）	0（150）	−1（45）	0（2）	40.93	41.14
19	−1（80）	0（150）	1（55）	0（2）	40.84	41.05
20	1（83）	0（150）	1（55）	0（2）	65.23	65.43
21	0（81.5）	−1（100）	0（50）	−1（1）	30.98	31.19
22	0（81.5）	1（200）	0（50）	−1（1）	80.14	80.35
23	0（81.5）	−1（100）	0（50）	1（3）	47.31	47.52
24	0（81.5）	1（200）	0（50）	1（3）	76.00	76.21
25	0（81.5）	0（150）	0（50）	0（2）	90.59	90.92
26	0（81.5）	0（150）	0（50）	0（2）	90.53	90.92
27	0（81.5）	0（150）	0（50）	0（2）	91.90	90.92
28	0（81.5）	0（150）	0（50）	0（2）	91.82	90.92
29	0（81.5）	0（150）	0（50）	0（2）	89.79	90.92

利用Design Expert软件对表2-2中纳米纤维素得率数据进行多元回归拟合，X_1，X_2，X_3，X_4用编码表示，即用−1，0，1来表示，得到的回归模型为：

$$Y = 90.92 + 13.21X_1 + 19.46X_2 + 0.31X_3 - 3.53X_4 - 12.08X_1X_2 + 0.74X_1X_3 + 5.37X_1X_4 - 4.23X_2X_3 - 5.12X_2X_4 - 41.79X_1^2 - 25.18X_2^2 - 7.29X_3^2 - 6.93X_4^2 - 11.23X_1^2X_2 + 11.09X_1^2X_3 + 3.45X_1^2X_4 - 1.77X_1X_3^2 + 3.98X_2^2X_3 + 6.58X_2^2X_4 - 11.84X_2X_3^2 + 29.35X_1^2X_2^2$$

（2-4）

对该回归模型进行方差分析，结果见表2-3。由表2-3的方差分析可知，模型的 F 值为972.48，显著水平 $P<0.0001$，表明四次多项式模型显著性良好。A，B，D，AB，AD，BC，BD，A^2，B^2，C^2，D^2，A^2B，A^2C，B^2D，BC^2，A^2B^2 均为显著的模拟项（$P<0.0001$），其中 A 为 H_3PO_4 浓度，B 为反应时间，C 为反应温度，D 为超声时间。模型的总回归 $P<0.0001$，表明该回归模型影响显著。失拟项 P 值为0.6391，表明失拟项对于纯误差而言是不显著的，

说明模型拟合良好。模型决定系数$R^2 = 0.9997$，模型调整决定系数为0.9986，表明模型的拟合度较高。变异系数$CV\%$为1.35，表明实验具有较好的可靠性。

表2-3　回归方程模型的方差分析

来源	平方和	自由度（DF）	均方	F值	P值（Prob>0.05）
模型（Model）	14121.08	21	672.43	972.48	<0.0001
X_1（A）	1396.79	1	1396.79	2020.06	< 0.0001
X_2（B）	1515.37	1	1515.37	2191.55	< 0.0001
X_3（C）	0.38	1	0.38	0.56	0.4802
X_4（D）	49.86	1	49.86	72.11	< 0.0001
X_1X_2（AB）	583.46	1	583.46	843.82	< 0.0001
X_1X_3（AC）	2.22	1	2.22	3.21	0.1164
X_1X_4（AD）	115.32	1	115.32	166.77	< 0.0001
X_2X_3（BC）	71.63	1	71.63	103.60	< 0.0001
X_2X_4（BD）	104.75	1	104.75	151.50	< 0.0001
X_1^2（A^2）	7353.53	1	7353.53	10634.81	< 0.0001
X_2^2（B^2）	2668.63	1	2668.63	3859.41	< 0.0001
X_3^2（C^2）	304.05	1	304.05	439.72	< 0.0001
X_4^2（D^2）	274.69	1	274.69	397.26	< 0.0001
$X_1^2X_2$（A^2B）	252.06	1	252.06	364.54	< 0.0001
$X_1^2X_3$（A^2C）	246.15	1	246.15	355.99	< 0.0001
$X_1^2X_4$（A^2D）	23.84	1	23.84	34.47	0.0006
$X_1X_3^2$（AC^2）	8.32	1	8.32	12.04	0.0104
$X_2^2X_3$（B^2C）	31.76	1	31.76	45.93	0.0003
$X_2^2X_4$（B^2D）	86.50	1	86.50	125.10	< 0.0001
$X_2X_3^2$（BC^2）	280.58	1	280.58	405.78	< 0.0001
$X_1^2X_2^2$（A^2B^2）	1148.90	1	1148.90	1661.56	< 0.0001
残差	4.84	7	0.69		
失拟	1.53	3	0.51	0.62	0.6391

续表

来源	平方和	自由度（DF）	均方	F 值	P 值（Prob>0.05）
误差	3.31	4	0.83		
总和	14125.92	28			

注 $R^2 = 0.9997$，调整 $R^2 = 0.9986$，$CV\% = 1.35$。

回归方程模型系数的显著性检验结果见表2-4。由表2-4可知，X_1，X_2，X_4，X_1X_2，X_1X_4，X_2X_3，X_2X_4，X_1^2，X_2^2，X_3^2，X_4^2，$X_1^2X_2$，$X_1^2X_3$，$X_2^2X_4$，$X_2^2X_3$，$X_1^2X_2^2$ 对纳米纤维素得率有极显著影响（$P<0.0001$），$X_1^2X_4$，$X_1X_3^2$，$X_2^2X_3$ 对纳米纤维素得率有显著影响（$P<0.05$）。其中，四因素对得率的影响大小依次为：反应时间 > H_3PO_4浓度> 超声时间 > 反应温度。四因素交互作用对得率的影响大小依次为：（H_3PO_4浓度 × 反应时间）>（H_3PO_4浓度 × 超声时间）>（反应时间 × 超声时间）>（反应时间 × 反应温度）>（H_3PO_4浓度 × 反应温度）>（H_3PO_4浓度 × 反应温度）。

表2-4　回归方程模型系数的显著性检验

模型项	系数估计值	DF	标准误差	95% 置信度的置信区间	
				95%CL 低	95%CL 高
截距（B_0）	90.92	1	0.37	90.04	91.80
X_1（A）	13.21	1	0.29	12.52	13.91
X_2（B）	19.46	1	0.42	18.48	20.45
X_3（C）	0.31	1	0.42	−0.67	1.29
X_4（D）	−3.53	1	0.42	−4.51	−2.55
X_1X_2（AB）	−12.08	1	0.42	−13.06	−11.09
X_1X_3（AC）	0.74	1	0.42	−0.24	1.73
X_1X_4（AD）	5.37	1	0.42	4.39	6.35
X_2X_3（BC）	−4.23	1	0.42	−5.21	−3.25
X_2X_4（BD）	−5.12	1	0.42	−6.10	−4.13
X_1^2（A^2）	−41.79	1	0.41	−42.75	−40.83
X_2^2（B^2）	−25.18	1	0.41	−26.13	−24.22
X_3^2（C^2）	−7.29	1	0.35	−8.12	−6.47

模型项	系数估计值	DF	标准误差	95%置信度的置信区间	
				95%CL 低	95%CL 高
X_4^2(D^2)	−6.93	1	0.35	−7.76	−6.11
$X_1^2X_2$(A^2B)	−11.23	1	0.59	−12.62	−9.84
$X_1^2X_3$(A^2C)	11.09	1	0.59	9.70	12.48
$X_1^2X_4$(A^2D)	3.45	1	0.59	2.06	4.84
$X_1X_3^2$(AC^2)	−1.77	1	0.51	−2.97	−0.56
$X_2^2X_3$(B^2C)	3.98	1	0.59	2.59	5.38
$X_2^2X_4$(B^2D)	6.58	1	0.59	5.19	7.97
$X_2X_3^2$(BC^2)	−11.84	1	0.59	−13.23	−10.45
$X_1^2X_2^2$(A^2B^2)	29.35	1	0.72	27.65	31.06

2.响应面交互作用分析及优化

（1）H_3PO_4浓度与反应时间的交互作用：图2-11为在反应温度50℃，超声时间2h的条件下，H_3PO_4浓度与反应时间对得率的响应面图和等高线图。从图2-11可以看出，H_3PO_4浓度与反应时间对纳米纤维素得率的影响极为显著，且H_3PO_4浓度与反应时间的交互作用对纳米纤维素得率有极显著影响。纳米纤维素得率先随着H_3PO_4浓度的增大而增大，在H_3PO_4浓度为82%左右时达到最大值。这表明较高的H_3PO_4浓度有利于纸浆的润胀溶解。但是当H_3PO_4浓度继续增大时，纤维素/H_3PO_4溶液黏度增加，搅拌球磨的阻力增大导致纤维素受到的研磨作用减弱，因此纳米纤维素得率降低。

当反应温度50℃，超声时间2h时，纳米纤维素得率先随着反应时间的增加而增加，当反应时间为175min左右时，纳米纤维素得率达到最大值。当反应时间超过175min后，纳米纤维素得率随着反应时间的增大而减小。在反应时间较短时，纸浆在H_3PO_4溶液的润胀溶解和搅拌球磨的协同作用下反应不充分，因而得率较低。当反应时间超过175min后纸浆由于反应过度水解生成糖类，故得率降低。

（2）H_3PO_4浓度与超声时间的交互作用：图2-12为在反应温度50℃，反应时间150min的条件下，H_3PO_4浓度与超声时间对得率的响应面图和等高线图。从图中可以看出，H_3PO_4浓度对纳米纤维素得率的影响显著，而超声时间对纳米纤维素得率的影响并不显著。H_3PO_4浓度与超声时间的交互作用对纳米纤维素得率影响显著。纳米纤维素得率在H_3PO_4浓度为82%左右时达到最大值。但是当H_3PO_4浓度大于82%时，纳米纤维素得率降低。这

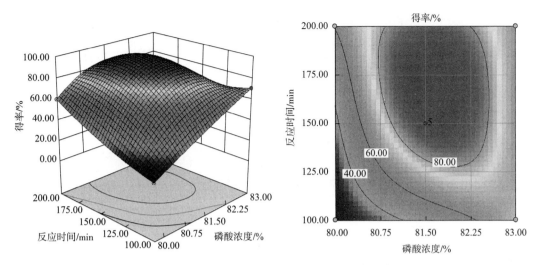

图2-11　H_3PO_4浓度与反应时间对得率的响应面图和等高线图

可能是由于纤维素/H_3PO_4溶液黏度增加，搅拌球磨的阻力增大导致纤维素受到的研磨作用减弱所致。

当反应温度50℃，反应时间150min时，纳米纤维素得率随着超声时间的增加而增大，超声时间为2h左右时，纳米纤维素得率最大。这表明超声作用有利于纤维素胶状物进一步分散成纳米纤维素。当超声时间继续增加时，纳米纤维素得率略有减小，这可能是部分纤维素团聚所致。

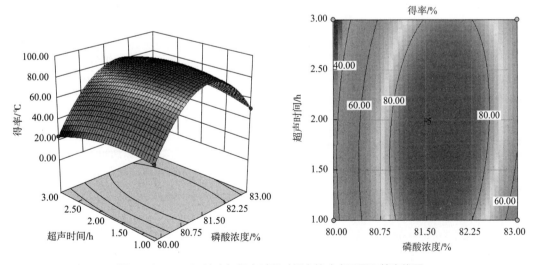

图2-12　H_3PO_4浓度与超声时间对得率的响应面图和等高线图

（3）反应时间与超声时间的交互作用：图2-13为在H_3PO_4浓度81.5%，反应温度50℃的条件下，反应时间与超声时间对得率的响应面图和等高线图。从图中可以看出，反应时间对纳米纤维素得率的影响显著，而超声时间对纳米纤维素得率的影响并不显著。反应时间与超声时间的交互作用对纳米纤维素得率的影响显著。

当H_3PO_4浓度81.5%，反应温度50℃时，纳米纤维素得率在反应时间175min左右达到最大值。在较短的反应时间内，纸浆在H_3PO_4溶液的润胀溶解和搅拌球磨的协同作用下反应不充分，因而得率较低。当反应时间超过175min后，纸浆由于反应过度，纤维素水解生成糖类，故得率降低。

当H_3PO_4浓度81.5%，反应温度50℃时，纳米纤维素得率在超声时间2h左右时取得最大值。在超声时间小于2h时，超声时间的增加可以促进纤维素胶状物分散成纳米纤维素。当超声时间大于2h时，纳米纤维素得率略有降低。这可能是由于超声时间过长导致部分已分散的纤维素重新团聚所致。

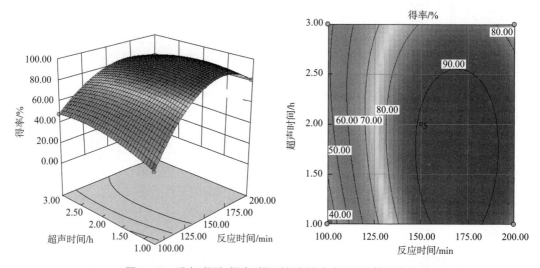

图2-13 反应时间与超声时间对得率的响应面图和等高线图

（4）反应时间与反应温度的交互作用：图2-14为在H_3PO_4浓度81.5%，超声时间2h的条件下，反应时间与反应温度对得率的响应面图和等高线图。从图中可以看出，反应时间对纳米纤维素得率的影响显著，而反应温度对纳米纤维素得率的影响并不显著。反应时间与反应温度的交互作用对纳米纤维得率的影响显著。

当H_3PO_4浓度81.5%，超声时间2h时，纳米纤维素得率在反应时间为175min左右时达到最大值。当反应时间超过175min后，纳米纤维素得率随着反应时间的增大而减小。这是由于反应过度，纤维素水解生成糖类所致。

在反应时间固定时，纳米纤维素得率先随着反应温度的增大而增大。当反应温度为50℃左右时，纳米纤维素得率达到最大值。当反应温度超过50℃后，纳米纤维素得率随着反应温度的增大而减小。在反应温度低于50℃时，纤维素/H_3PO_4溶液的黏度较大，反应过程中搅拌球磨的阻力增大导致纤维素受到的研磨作用减弱，故得率较低。当反应温度高于50℃时，纳米纤维素由于反应过度而得率降低。

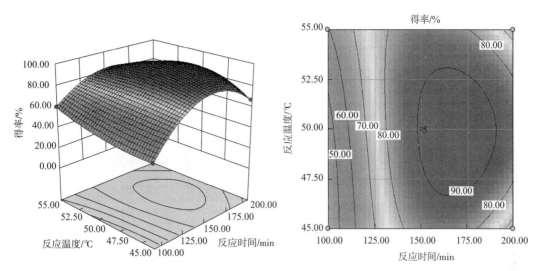

图2-14　反应时间与反应温度对得率的响应面图和等高线图

（5）H_3PO_4浓度与反应温度的交互作用：图2-15为在反应时间150min，超声时间2h的条件下，H_3PO_4浓度与反应温度对得率的响应面图和等高线图。从图中可以看出，H_3PO_4浓度对纳米纤维素得率的影响显著，而反应温度对纳米纤维素得率的影响并不显著。H_3PO_4浓度与反应温度的交互作用对纳米纤维素得率的影响显著。

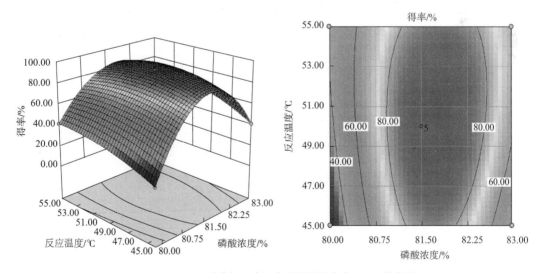

图2-15　H_3PO_4浓度与反应温度对得率的响应面图和等高线图

当反应时间150min，超声时间2h时，纳米纤维素得率在H_3PO_4浓度为82%左右时达到最大值。但是当H_3PO_4浓度大于82%时，纳米纤维素得率降低。这可能是由于搅拌球磨的阻力增大导致纤维素受到的研磨作用减弱所致。

在H_3PO_4浓度固定时，纳米纤维素得率在反应温度50℃左右时达到最大值。当反应温度超过50℃后，纳米纤维素得率随着反应温度的增大而减小。在反应温度低于50℃时，纤维素/H_3PO_4溶液的黏度较大，反应过程中搅拌球磨的阻力增大导致纤维素受到的研磨作用减弱，故得率较低。当反应温度高于50℃，由于反应过度纤维素水解生成糖类，故纳米纤维素得率降低。

3.制备工艺条件的优化和检验

利用响应面软件对纳米纤维素的制备工艺条件进行优化，得到最佳工艺条件：H_3PO_4浓度81.64%，反应时间159.29min，反应温度51.43℃，超声时间2.23h，得率预测值为92.24%，在最佳工艺条件下进行验证实验，其纳米纤维素得率为92.05%，与预测值基本吻合，说明模型是合理有效的。

（五）表征

将人纤浆和在最佳工艺条件下反应后离心脱酸后得到的纤维素胶状物和纳米纤维素进行表征。采用纤维形态分析仪、透射电镜、X射线衍射、傅里叶红外光谱等分析机械力化学法制备纳米纤维素过程中纤维形态与各阶段纤维素的化学性质的变化，研究机械力化学法制备纳米纤维素的机理。

1.纤维形态分析

图2-16为人纤浆纤维形态图。由图2-16可以看出，原料人纤浆的纤维细长，带有少量短纤维。图2-17为人纤浆纤维的长度分布与宽度分布图。图2-17表明人纤浆的长度主要分布在0.68~5.31mm，宽度主要分布在15~60μm。

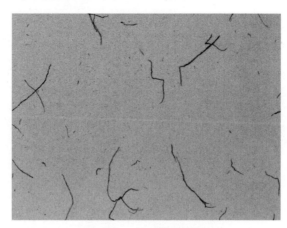

图2-16　人纤浆纤维形态图

2.形貌分析

纳米纤维素水溶液的宏观形貌如图2-18所示。纳米纤维素呈白色液状。

图2-19、图2-20分别是纤维素胶状物和纳米纤维素的透射电镜图。由图2-19可知，纤维素胶状物的纤维长度和宽度分别为200~300nm和20~40nm，表明在H_3PO_4溶液和机械力化学作用下，人纤浆的长度和宽度均明显减小，形成微纤丝，并互相缠绕形成网状结

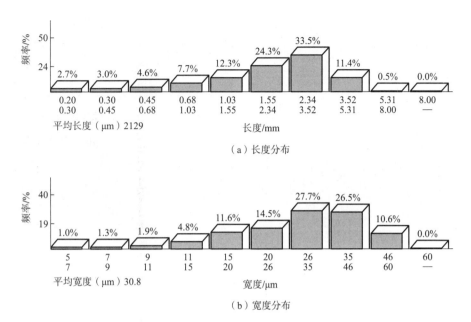

（a）长度分布

（b）宽度分布

图2-17　人纤浆纤维的长度分布与宽度分布

构。由图2-20可知，纳米纤维素呈棒状，且交织成网状结构，其纤维的长度和宽度分别为100~300nm和10~40nm。这表明在超声波的作用下，微纤丝被分散为更细更短的纤维，但网状结构未被破坏。这可能是由于在超声波作用下分子间氢键被打断后又重新形成所致。

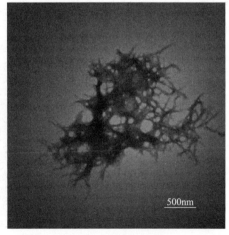

图2-18　纳米纤维素的宏观形貌　　　图2-19　纤维素胶状物透射电镜图（40000×）

3.傅里叶红外光谱仪分析

图2-21为实验中各阶段不同纤维素样品的红外谱图。从谱图中可以看到，纳米纤维素、胶状物和人纤浆的特征峰基本一致，都具有纤维素的基本结构，表明制备过程中发生的酸水解不会改变纤维素的结构。其中，在3445cm^{-1}附近有个较强的较宽的羟基的吸收

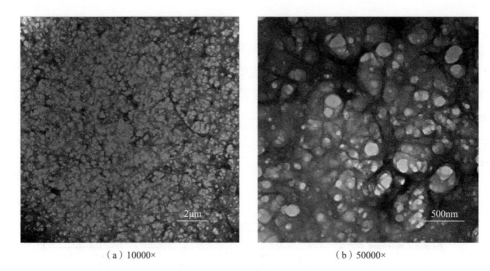

（a）10000×   （b）50000×

图2-20　纳米纤维素透射电镜图

峰，属于—OH的伸缩振动。2900cm⁻¹附近属于—CH₂—的C—H的对称伸缩振动。1640cm⁻¹附近的特征峰是由于纤维素样品吸水造成的，表明纤维素样品吸水性很强[10]。1382cm⁻¹附近是C—H对称伸缩振动的吸收峰。1060cm⁻¹和897cm⁻¹分别是纤维素醇的C—O伸缩振动和C—H的摇摆振动[11]。人纤浆在1429cm⁻¹处有一个较小的吸收峰，这是由于—CH₂—的对称弯曲振动造成的。而在胶状物和纳米纤维素中该峰强度明显减弱且发生轻微的蓝移。这可能是由于在机械力化学作用下，纤维素分子中C₆附近氢键的断裂和重构导致，表明纤维素Ⅱ结晶变体出现。

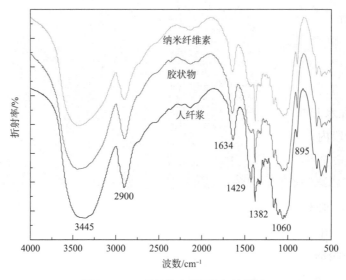

图2-21　不同纤维素样品的红外谱图

4.X射线衍射分析

图2-22为人纤浆和纳米纤维素的XRD衍射图。由图可知，人纤浆的衍射峰分别位于14.5°，16°和22.5°附近，表明人纤浆的晶体类型属于纤维素I型。图中的纳米纤维素衍射峰分别位于12.1°，19.5°和22°附近，表明制得的纳米纤维素属于纤维素II型[12]。在制备纳米纤维素的过程中，采用磷酸为助剂，使天然纤维素溶解并再生，因此纤维素的晶型发生变化。计算得出，人纤浆和纳米纤维素的结晶度分别为66.44%和59.62%，表明在制备过程中纤维素的结晶度下降。这可能是由于在反应过程中，人纤浆在磷酸溶液溶解并再生，纤维素小分子链发生重组所致。

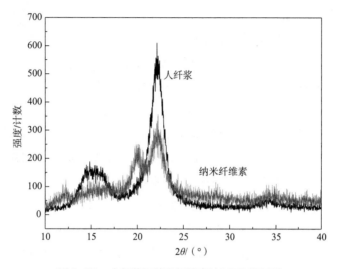

图2-22 人纤浆和纳米纤维素的XRD衍射图

5.热重分析

人纤浆、纳米纤维素的热重曲线如图2-23所示。人纤浆在150℃附近没有失重，表明样品所含水量极少；在200~375℃阶段内，热重曲线迅速下降，总质量损失率约为85%。500℃时样品的总质量损失率约为90%。纳米纤维素在35~150℃时，由于水分的蒸发，质量呈平缓的下降趋势，此阶段质量损失率约为3%；在200~325℃阶段内纳米纤维素

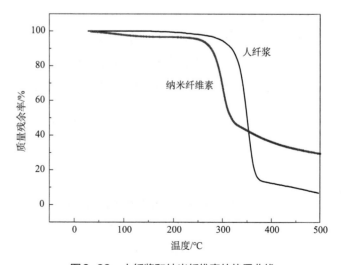

图2-23 人纤浆和纳米纤维素的热重曲线

发生分解，对应的热失重约为49%。当升温至500℃时，样品的总质量损失率约为70%。对比人纤浆和纳米纤维素的热重曲线可知，纳米纤维素的热分解温度明显低于人纤浆，表明纳米纤维素的热稳定性比人纤浆差。这是由于在机械力化学作用下制得的纳米纤维素尺寸较人纤浆明显减小，比表面积增大，暴露在外的活性基团明显增多所致。

二、改性纳米纤维素的制备

（一）制备方法

1. 以尿素为催化剂制备改性纳米纤维素

将1.5g人纤浆和30mL 81.5% H_3PO_4（59.05%P_2O_5）溶液加入装有一定数量氧化锆球的球磨罐，在50℃下搅拌球磨一定时间（90min，150min，210min），对纤维素进行润胀反应，得到透明金黄色的纤维素/磷酸溶液。加入一定质量（5g，10g，15g）的尿素，搅拌球磨一定时间（60min，90min，120min），对纤维素进行改性。待反应结束后加入15mL蒸馏水使改性纤维素析出，离心除去磷酸和尿素，得到胶状沉淀。将胶状沉淀加水稀释至150mL，在超声频率40kHz，功率250W下处理2h，离心后即得到尿素改性纳米纤维素悬浮液。

2. 以浓 H_2SO_4 为催化剂制备改性纳米纤维素

将1.5g人纤浆、30mL 81.5% H_3PO_4溶液分别和2mL，4mL，6mL的浓 H_2SO_4加入装有一定数量氧化锆球的球磨罐，在一定温度下搅拌球磨一定时间，得到透明金黄色的纤维素/磷酸溶液。加15mL蒸馏水使改性纤维素析出，离心得到胶状沉淀。反复离心洗涤至上清液pH = 7。将胶状沉淀加水稀释至150mL，超声处理2h，离心即得到浓 H_2SO_4改性纳米纤维素悬浮液。

3. 以磷酸/多聚磷酸为催化剂制备改性纳米纤维素

将1.5g人纤浆分别和已预热至50℃的15mL一定浓度（以P_2O_5计）的磷酸/多聚磷酸溶液混合均匀，在30℃下静置一段时间，加水使纤维素析出。离心脱除磷酸后得到改性纤维素胶状物。

（二）表征与对比

1. 红外光谱分析

（1）以尿素为催化剂制得改性纳米纤维素的红外谱图分析：图2-24为不同磷酸润胀反应时间的改性纳米纤维素红外谱图。由图2-24可知，除了1724cm^{-1}处，改性纳米纤维素的特征峰位置与人纤浆的特征峰位置基本一致。随着反应时间的延长，3440cm^{-1}处的羟基峰强度逐渐减小，这是由于部分羟基发生反应。当反应时间从90min增加到150min时，在1724cm^{-1}处多了一个吸收峰，这是纤维素酯中的羰基峰，表明纤维素发生了酯化反应。当反应时间增加到210min时，羟基峰强度继续减小，羰基峰消失，这可能是由于纤维素酯发生水解造成的。

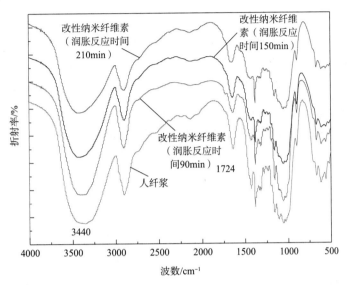

图2-24　不同磷酸润胀反应时间的尿素改性纳米纤维素红外谱图

图2-25为不同尿素用量的改性纳米纤维素红外谱图。由图2-25可知，改性纳米纤维素的特征峰位置与人纤浆的特征峰位置基本一致。不同尿素用量对羟基峰的位置和强度无明显影响，对2900cm^{-1}附近的—CH$_2$—的C—H的对称伸缩振动峰强度有所影响。当尿素加入量为10g时，在1724cm^{-1}处多了一个吸收峰，这是纤维素酯中的羰基峰，表明纤维素发生了酯化反应。而尿素加入量为5g和15g时，1724cm^{-1}附近没有出现吸收峰。其原因可能是当尿素加入量较少时，催化作用不明显；当尿素加入量较多时，纤维素酯发生其他副反应。

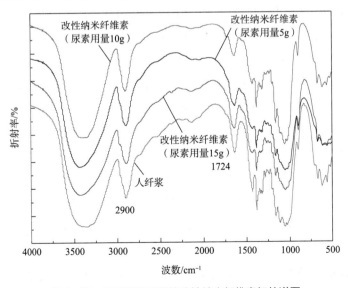

图2-25　不同尿素用量的改性纳米纤维素红外谱图

图2-26为不同尿素催化反应时间的改性纳米纤维素红外谱图。由图2-26可知,改性纳米纤维素的特征峰位置与人纤浆的特征峰位置基本一致。不同尿素催化反应时间对羟基峰的位置无明显影响,但对羟基峰的强度有明显影响。随着反应时间的增加,羟基峰的强度逐渐减小。这是由于纤维素的羟基发生酯化或降解反应。对2900cm^{-1}附近的—CH$_2$—的C—H的对称伸缩振动峰强度有所影响。当反应时间为60min时,改性纳米纤维素在1718cm^{-1}附近有一尖锐的吸收峰,这是纤维素酯中的C=O峰。当反应时间增加到90min时,C=O峰的强度明显减弱且发生轻微的红移。当反应时间为120min时,C=O峰消失。这可能是由于改性纳米纤维素酯发生水解使C=O含量减少所致。

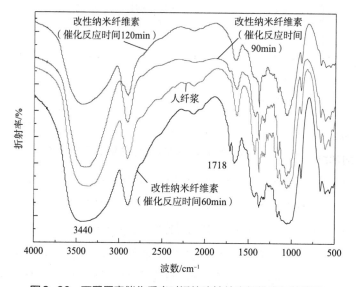

图2-26 不同尿素催化反应时间的改性纳米纤维素红外谱图

(2)以浓H$_2$SO$_4$为催化剂制得改性纳米纤维素的红外谱图分析:图2-27为不同浓H$_2$SO$_4$用量的改性纳米纤维素红外谱图。由图2-27可知,当浓H$_2$SO$_4$用量为2mL和4mL时的改性纳米纤维素的特征峰位置与人纤浆的特征峰位置基本一致,浓H$_2$SO$_4$用量为2mL时的特征峰强度较4mL的强。浓H$_2$SO$_4$用量为2mL时的改性纳米纤维素在1725cm^{-1}附近有C=O吸收峰,表明该纳米纤维素为纳米酯化纤维素。而浓H$_2$SO$_4$用量为4mL时的改性纳米纤维素在1725cm^{-1}无吸收峰。当浓H$_2$SO$_4$用量为6mL时,纤维素因反应过度完全被降解。

(3)以磷酸/多聚磷酸为催化剂制得改性纳米纤维素的红外谱图分析:图2-28为不同浓度磷酸/多聚磷酸改性纳米纤维素红外谱图。从图中可以看出,在3424cm^{-1}附近有强吸收峰,表明改性纳米纤维素中仍含有羟基。磷酸/多聚磷酸催化制得的改性纳米纤维素与人纤浆的特征峰有很多不同。1061cm^{-1}附近有强吸收峰表明改性纳米纤维素中含有P—O—C。1637cm^{-1}处的特征峰归属为P—OH[13]。由红外谱图可知,纤维素发生了磷酰化反应,生成纤维素磷酸酯。以不同浓度磷酸/多聚磷酸为催化剂制得的改性纳米纤维素红外谱图特征峰位置基本一致,强度有略微的差别。但在宏观形貌上有所区别。当浓度

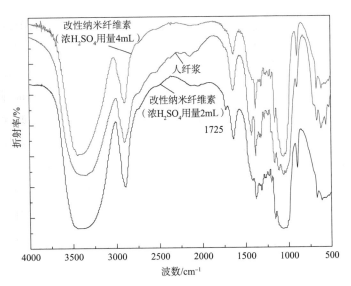

图2-27　不同浓H₂SO₄用量的改性纳米纤维素红外谱图

为75%和76%时，制得的改性纳米纤维素为白色胶状的纳米纤维素磷酸酯。当浓度增加到77%时，改性纳米纤维素为无色透明的纤维素磷酸酯。当在室温下放置一段时间后，纤维素磷酸酯会发生水解，使胶状物呈酸性。表明这种纤维素酯容易水解生成磷酸。

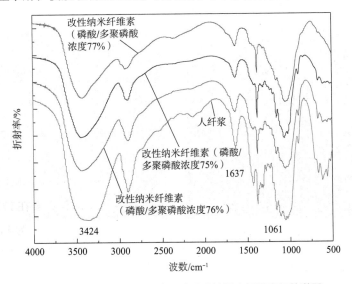

图2-28　不同浓度磷酸/多聚磷酸改性纳米纤维素红外谱图

图2-29为不同反应时间的磷酸/多聚磷酸改性纳米纤维素红外谱图。由图可以看出，它们都具备纤维素磷酸酯的特征峰，除了羟基吸收峰外的其他特征峰强度基本一致。在3400cm⁻¹的羟基吸收峰处，反应时间为60min的纳米纤维素磷酸酯的峰强度比反应时间为30min的更弱。这可能是由于随着反应时间的延长，纤维素中的部分羟基反应过度而使羟基减少所致。

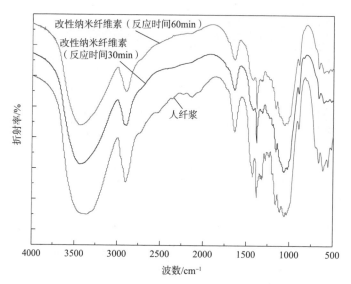

图2-29　不同反应时间的磷酸/多聚磷酸改性纳米纤维素红外谱图

2.形貌分析

尿素改性纳米纤维素与浓硫酸改性纳米纤维素同未改性的纳米纤维素一样，均为白色悬浮液，放置久后会发生沉降。冷冻干燥后为白色粉末。而磷酸/多聚磷酸改性纳米纤维素呈无色透明胶状，冷冻干燥后如蓬松的棉花状，如图2-30所示。

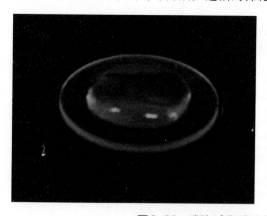

图2-30　磷酸/多聚磷酸改性纳米纤维素的宏观形貌

用透射电子显微镜对在磷酸润胀时间150min、尿素用量10g、尿素催化反应时间90min条件下制得的改性纳米纤维素，以及在2mL浓硫酸催化反应制得的改性纳米纤维素进行表征得到的亚显微结构如图2-31所示。由图2-31可知，尿素改性纳米纤维素呈棒状，同磷酸为助剂的机械力化学法制得的纳米纤维素一样，交织成网状结构，直径为20～50nm，由于纤维交错重叠，长度无法判断。浓硫酸催化反应制得的改性纳米纤维素呈球状，且交错呈树枝状，可能是由于这种改性纤维素容易与周围纤维素结合而形成的。

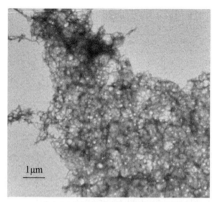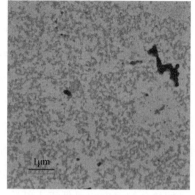

（a）尿素催化制备改性纳米纤维素　　　（b）浓硫酸催化制备改性纳米纤维素

图2-31　改性纳米纤维素透射电镜图

3.X射线衍射分析

对在磷酸润胀时间150min、尿素用量10g、尿素催化反应时间90min条件下制得的改性纳米纤维素，2mL浓硫酸催化反应制得的改性纳米纤维素，以及浓度为77%的磷酸/多聚磷酸催化制备的纤维素磷酸酯进行X射线衍射分析，结果如图2-32所示。从图中可以看出，尿素改性纳米纤维素和纤维素磷酸酯在$2\theta = 22°$处有一个峰，且结晶峰的强度明显减小表明尿素改性纳米纤维素和纤维素磷酸酯的无定形区和结晶区均发生严重的破坏。浓硫酸催化制得的改性纳米纤维素有3个峰，分别位于12.1°、19.5°和22°附近，表明制得的改性纳米纤维素属于纤维素Ⅱ型，其结晶度为50.22%。

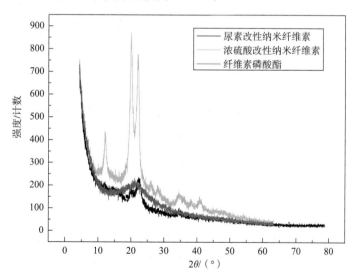

图2-32　改性纳米纤维素X射线衍射图

4.热重分析

人纤浆、尿素改性纳米纤维素和硫酸改性纳米纤维素的热重曲线如图2-33所示。人纤浆在150℃附近没有失重，表明样品所含水量极少。人纤浆在300～375℃阶段内，热重曲线迅速下降，总质量损失率约为85%。500℃时样品的总质量损失率约为90%。尿素改性纳米纤维素在35~150℃时由于水分的蒸发，质量呈平缓的下降趋势，此阶段质量损失率约为1.6%；在250~325℃发生分解，对应的热失重率约为70%。当升温至500℃时，样品的总质量损失率约为83%。硫酸改性纳米纤维素在升温至100℃时由于水分的蒸发而产生失重，此阶段质量损失率约为6%；在200~275℃发生分解，对应的热失重率约为42%。当升温至300℃以上时，出现第二个明显的失重峰，直至500℃左右失重率达80%。纤维素磷酸酯升温至150℃时质量减少，表明纤维素磷酸酯容易吸水，含水率高。继续升温至500℃，纤维素磷酸酯的质量一直下降，总重量损失率达95%。通过对比发现，三种改性纳米纤维素的热分解温度明显低于人纤浆，表明这三种改性纳米纤维素的热稳定性均比人纤浆差。这是由于在机械力化学作用下制得的改性纳米纤维素比表面积显著增大，暴露在外的活性基团明显增多所致。

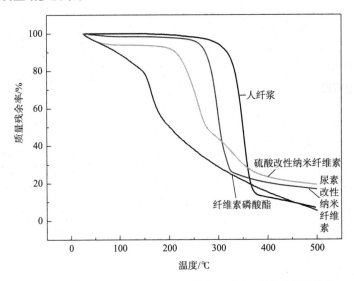

图2-33　人纤浆、尿素改性纳米纤维素、硫酸改性纳米纤维素和
纤维素磷酸酯的热重曲线

三、本节小结

以人纤浆为原料，以磷酸为助剂，采用机械力化学法制备纳米纤维素，并利用响应面优化制备工艺，用三种不同的催化剂制备改性纳米纤维素并进行表征。

（1）以人纤浆为原料，对比了有无机械力化学作用下的制备工艺。以磷酸为助剂，采用机械力化学法制备纳米纤维素。该法成本低，操作简单，污染小。与无机械力化学作用相比，机械力化学作用可以适当降低磷酸浓度，同时制备出的纳米纤维素得率更高。磷酸溶解纤维素的能力很强，溶解速度快，且不易因反应时间长而过度降解。

在机械力化学作用下，人纤浆的长度和宽度均明显减小，形成微纤丝，并互相缠绕形成网状结构。纳米纤维素呈棒状，且交织成网状结构。在超声波的作用下，微纤丝被分散为更细更短的纤维，但网状结构未被破坏。制备过程中发生的酸水解不会改变纤维素的结构，但纤维素的晶型发生变化且结晶度下降，纳米纤维素的热稳定性较人纤浆差。

（2）以尿素、浓 H_2SO_4、磷酸/多聚磷酸为催化剂制备改性纳米纤维素，研究了磷酸润胀反应时间、尿素用量、尿素催化反应时间对尿素改性纳米纤维素红外谱图的影响。

随着磷酸润胀反应时间的增加，尿素改性纳米纤维素的羟基峰强度逐渐减弱；尿素用量过多或过少均不利于纤维素酯的生成；尿素催化反应时间在90min以内均能起到一定的催化效果，当催化反应时间达到120min时，可能导致酯发生水解。

浓 H_2SO_4 用量为2mL时改性纳米纤维素为纳米酯化纤维素。而当浓 H_2SO_4 用量过高时，纤维素因酸浓度过高而反应过度从而完全被降解。

当磷酸/多聚磷酸的浓度为75%和76%时，制得的改性纳米纤维素为白色胶状的纳米纤维素磷酸酯。当浓度增加到77%时，改性纳米纤维素为无色透明的纤维素磷酸酯。当在室温下放置一段时间后会发生水解，使胶状物呈酸性。这表明这种纤维素酯容易水解生成磷酸。这可能是由于随着反应时间的延长，纤维素中的部分羟基反应过度而使羟基减少所致。

（3）尿素改性纳米纤维素呈棒状，同磷酸为助剂的机械力化学法制得的纳米纤维素一样，交织成网状结构。浓硫酸催化反应制得的改性纳米纤维素呈球状，且交错呈树枝状，可能是由于这种改性纤维素容易与周围纤维素结合而形成的。

尿素改性纳米纤维素和纤维素磷酸酯的无定形区和结晶区均被破坏，制得的改性纳米纤维素属于纤维素Ⅱ型。尿素改性纳米纤维素、硫酸改性纳米纤维素和纤维素磷酸酯的热稳定性均比人纤浆差。

第三节　纤维素酶绿色高效制备纳米纤维素

纤维素酶法水解是利用纤维素酶的反应专一性，选择性酶解纤维素的非晶区及有缺陷的结晶区，最终获得纳米纤维素。常规物理法一般需要高压、高强度，或者研磨，超声，对设备要求较高，能耗较高[14]。传统化学法则存在设备易腐蚀、试剂难回收、污染环境的问题。相较而言，纤维素酶法水解反应条件更温和、能耗低、环境污染小。Satyamurthy等[15]提出了一种在厌氧微生物聚生体中制备纳米纤维素的新方法，用于从棉纤维中获得的微晶纤维素的可控水解。这种方法的优点是由于纤维素酶辅助催化，无表面硫酸化，保持纤维素的化学结构及生物相容性，能耗更低。

然而，酶法由于制备成本高，制备周期长而限制了其在纳米纤维素领域中的发展和应用[16-18]。目前，已有研究将酶预处理法与机械处理或酸水解结合制备纳米纤维素以改善酶法所固有的不足，但仍旧存在产率不高、不能满足实际应用需求的问题。当超声波能量足够高时，就会产生"空化"现象，这种超声空化作用能够实现介质均匀混合，消除局部浓度不匀，加速化学反应，对团聚体还可以起到剪切作用。本节提出将酶处理法与超声空化技术相结合的策略，使纤维素在酶预处理过程中，纤维素分子链发生断裂，进一步在超声波空化作用下绿色、高效地解离出纳米尺度的纤维素。

一、纳米纤维素的制备

用粉碎机将竹浆板打碎，得到粉碎的浆料。将pH为5的100mL柠檬酸/柠檬酸钠缓冲液和一定量稀释的酶液加入装有4g绝干浆料的烧杯中，在一定温度下进行搅拌，搅拌速率为100r/min。到达反应时间后将酶解液于100℃水浴锅中加热20min，沉淀物移入超声波反应器中，超声功率500W，超声频率40kHz处理一定时间，将所得悬浮液高速离心，收集上清液测定还原糖（reducing sugar，RS）含量。离心洗涤直至上层出现胶体状溶液，收集该胶体溶液即为纳米纤维素（cellulose nanofiber，CNF），并收集剩余纤维（remaining fiber，RF）干燥并称重，制备工艺如图2-34所示。首先采用单因素实验，各因素选取5个实验参数以确定各因素的实验参数范围，然后采用L9（3^3）正交表设计对酶用量（7%、8%、9%）、酶解时间（9h、10h、11h）和酶解温度（45℃、50℃、55℃）三个影响CNF得率的主要因素进行优化，从而确定最优的制备方案。

测量特定条件下制备得到的纳米纤维素悬浮液的总体积，量取25mL悬浮液于结晶皿中，真空冷冻干燥至恒重，CNF的得率由式（2-5）计算：

$$得率 = \frac{(m_1 - m_2)V_1}{V_2 m} \times 100\% \qquad (2-5)$$

式中：m_1——干燥后样品与结晶皿的总质量，g；

m_2——结晶皿的质量，g；

m——竹浆纤维的质量，g；

V_1——该条件下制备得到的纳米纤维素悬浮液的总体积，mL；

V_2——结晶皿中纳米纤维素悬浮液体积，mL。

水解液（收集的离心上清液）的还原糖产率采用DNS法[19]进行测定，通过式（2-6）计算，纤维剩余率用式（2-7）表示：

$$还原糖产率 = \frac{m_3 \times V \times n}{m} \times 100\% \qquad (2-6)$$

$$纤维剩余率 = \frac{m_5}{m} \times 100\% \qquad (2-7)$$

式中：m_3——通过查葡萄糖标准曲线得到的还原糖含量，mg；

　　　V——水解液的总体积，mL；

　　　n——稀释倍数；

　　　m——原料的质量，g；

　　　m_5——离心后剩余纤维的质量，g。

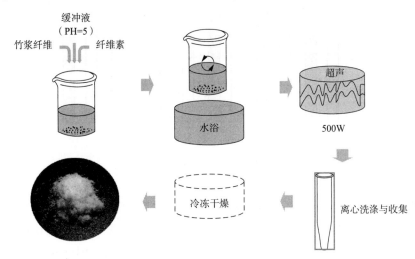

图2-34　CNF的制备过程示意图

（一）酶用量影响

在酶解温度50℃，酶解时间10h，超声时间6h的条件下，考察酶用量对纳米纤维素和还原糖得率的影响（图2-35）。由图可知，随着酶用量的增大，纳米纤维素的得率先增大后减少，还原糖得率持续增加。这可能是由于酶用量较低时，纤维素酶和纤维素的结合位点较少，因此酶解率较低，当酶用量为6%～8%时，随着酶用量的增加，为纤维素酶与纤维素提供了更多的结合位点，促进无定形区的水解，更多的纤维素糖苷键断裂，CNF产率增大，达到最高值62.4%。但当酶用量进一步增大时，还原糖的得率呈现增长趋势，达到43.2%，而CNF得率开始降低，可能是由于所制得的纳米纤维素上的部分无定形区纤维素被水解成还原糖所致。因此，从以上因素考虑选取8%酶用量较为合适。

（二）酶解温度

在酶用量为8%、酶解时间10h、超声时间6h的条件下，考察酶解温度对纳米纤维素和还原糖得率的影响（图2-36）。由图可知，随着反应温度的升高，纳米纤维素和还原糖的得率均呈现先升高后降低的趋势，当反应温度达到50℃时，纳米纤维素（62.6%）和还原糖（8.6%）的得率均达到最大值。这可能是由于在较低温度（40～45℃）下，纤维素酶活性偏低，纤维素酶解程度低，所以较低温度下的纳米纤维素和还原糖产率均较低。随

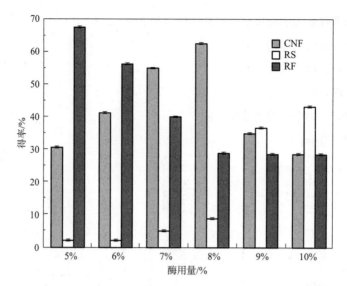

图2-35　酶用量对纳米纤维素得率的影响

着反应温度的升高，纤维素酶的活性增大，竹浆纤维的水解程度提高，纳米纤维素得率增加，但温度过高会导致纤维素酶失活，当酶解温度升高至60℃时，纳米纤维素得率仅为33.7%，而还原糖得率趋于零。由此可知当温度大于50℃时，随着温度的进一步升高，纳米纤维素和还原糖的得率均呈下降趋势。

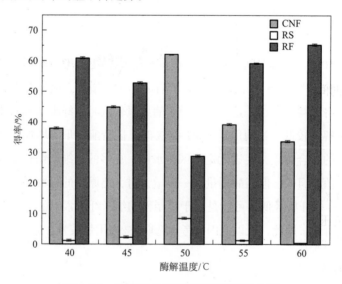

图2-36　酶解温度对纳米纤维素得率的影响

（三）酶解时间

在酶解温度50℃、超声时间6h、酶用量为8%的条件下，考察酶解时间对纳米纤维素得率的影响（图2-37）。由图可知，随着酶解时间的延长，还原糖得率逐渐增加，而纳米纤维的得率呈现先增加后降低的趋势。在酶解时间8～10h内,随着酶解时间的增加,纳米纤维素的得率逐渐增大;当酶解时间达到10h时,纳米纤维素得率达到最高62.5%;在酶解时间10～12h内,随着酶解时间的延长,纳米纤维素的得率呈下降趋势。这主要是由于在酶解时间10h内,纤维素较易水解的无定形区被降解,分离出纳米级纤维素纤丝,纳米纤维素得率增加;当酶解时间高于10h时,竹浆纤维水解较完全,剩余纤维含量趋于稳定,还原糖得率增加,纳米纤维素得率逐渐降低,说明纤维素酶开始进一步水解已生成的纳米纤维素。

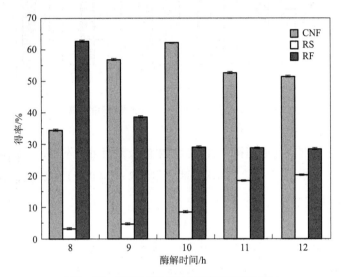

图2-37　酶解时间对纳米纤维素得率的影响

（四）超声时间

在酶解温度50℃、酶用量为8%、酶解时间10h的条件下,考察超声时间对纳米纤维素得率的影响（图2-38）。由图可知,随着超声时间的延长,纳米纤维素的得率先逐渐增大然后趋于平缓,而还原糖的含量几乎不发生改变。超声时间达到6h时,纳米纤维素得率达到最高值62.4%。在超声处理过程中,超声波以高频振动在纤维素悬浮液中传导,推动介质的作用在负压区产生大量的微小真空气泡,闭合于正压区,产生空化效应[20],无数真空气泡受压爆破产生的强大冲击力可将经过酶预处理后的纤维素打散,导致纤维素被破碎形成纳米纤维素。在超声处理过程中,还原糖含量几乎不发生改变,说明超声波处理并不会导致纤维素的过度降解[21-23]。

（五）正交实验

如表2-5所示,为正交实验设计及其结果。实验获得最佳工艺条件为酶用量8%、酶解温度50℃、酶解时间10h,纳米纤维素得率最高达到62.5%。由此可见,正交实验结果

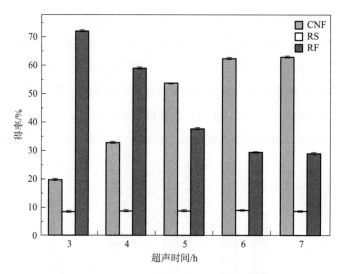

图2-38　超声时间对纳米纤维素得率的影响

与单因素实验结果能够很好地相符。由实验结果的极差值可以发现，酶解温度对纳米纤维素得率影响最显著（$R = 23.797$），其次是酶用量（$R = 14.056$）的影响，酶解时间的影响较小（$R = 10.153$）。

表2-5　正交实验设计及其结果

实验序号	酶用量/%	酶解温度/℃	酶解时间/h	CNF得率/%	还原糖得率/%	剩余纤维得率/%
1	8	45	9	38.63	2.24	59.13
2	8	50	10	62.39	8.60	29.01
3	8	55	11	27.12	1.66	71.22
4	9	45	10	42.05	24.31	31.64
5	9	50	11	51.75	34.54	13.71
6	9	55	9	28.13	16.36	55.51
7	7	45	11	21.23	38.65	40.12
8	7	50	9	38.62	43.15	18.23
9	7	55	10	26.12	40.32	33.56
K_1	42.713	33.970	35.127			
K_2	40.643	50.920	43.520			
K_3	28.657	27.123	33.367			
R	14.056	23.797	10.153			

二、性能表征

（一）形貌分析

图2-39（a）为在酶用量8%、酶解温度50℃、酶解时间10h、超声时间6h的条件下，经离心洗涤至中性的纳米纤维素悬浮液，呈乳白色，为稳定胶体；图2-39（b）为冷冻干燥后的纳米纤维素粉末。

（a）　　　　　　　　　　　　　（b）

图2-39　纳米纤维素的宏观形貌

如图2-40所示，为竹浆纤维和CNF的微观形貌。图2-40（a）、图2-40（b）为扫描电镜观察下竹浆纤维的形貌，采用场发射扫描电子显微镜观测样品形貌，通过双面黏合剂碳带将样品固定在短铝棒上，样品表面喷金处理避免充电效应，在1kV下使用镜头内二次电子检测器观察。由图可知竹浆纤维呈扁平的棒状结构，且具有粗糙的表面结构，平均直径为15μm左右，长度几百微米。图2-40（c）为制备的CNF的透射电镜图，采用透射电子显微镜观察样品的微观形貌，将纳米纤维素悬浮液稀释于乙醇溶液中超声分散15min，

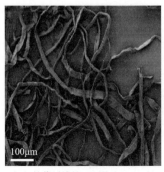 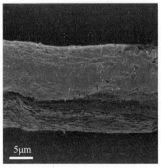 

（a）竹浆纤维的SEM图（100μm）　　（b）竹浆纤维的SEM图（50μm）　　（c）CNF的TEM图

图2-40　竹浆纤维的SEM图与CNF的TEM图

然后添加一滴CNF分散液涂覆于含有碳膜的TEM样品网格上，在40℃烘箱中蒸发4h，在120V的操作条件下使用透射电子显微镜进行CNF的成像。由图可知，纳米纤维素呈束状聚集，这主要是由于纳米粒子间较强的氢键作用力，使其侧向附着力较强，发生侧向聚集，此特性使其在复合材料中能够提供较好的增强作用。由此可见，采用酶预处理结合超声空化作用可以制备CNF，但有待进一步研究如何有效地控制其在溶剂中的分散性。

测量统计TEM观察下的100根纳米纤维素样品的长度与直径，对其尺寸分布进行对比分析，得到CNF的直径与长度尺寸分布图，如图2-41所示。由图可观察到，CNF直径为2~24nm，其中约30%为3~6nm；长度主要为50~450nm，其中约有44%长度小于150nm。

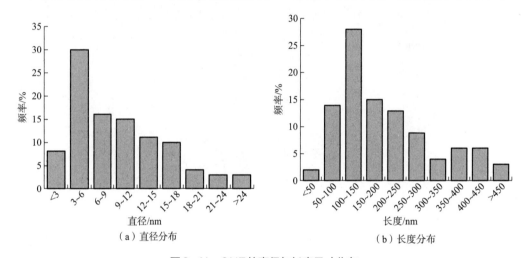

（a）直径分布　　　　　　　　　　　（b）长度分布

图2-41　CNF的直径与长度尺寸分布

（二）XRD分析

在管电压80kV的条件下，以0.1（°）/s的扫描速度，以Cu-Kα为射线源，Ni片滤波，扫描范围2θ为5°~60°，采用X射线粉末衍射仪（XRD）测试竹浆纤维和冷冻干燥后的纳米纤维素粉末的晶体结构，并且对不同超声时间（1~7h）的样品结晶度进行比较，分析不同超声时间对样品结晶性能的影响。结晶度指数（CrI）通过Segal法[24-26]估算，通过测量002峰和无定形区的衍射强度，由式（2-8）计算：

$$CrI(\%) = \frac{I_{002} - I_{am}}{I_{002}} \times 100 \qquad (2-8)$$

式中：I_{002}——$2\theta = 22.5°$ 即002晶面峰的强度，代表结晶区的衍射强度；

I_{am}——$2\theta = 18°$ 时峰的强度，代表非晶区的衍射强度。

图2-42为竹浆纤维及CNF的XRD谱图，由图可观察到竹浆纤维与CNF衍射峰的位置并无显著差异，两者均出现位于14.5°、18°及22.5°的三个强峰，对应于纤维素的101、10$\bar{1}$、002晶面，因此认为纳米纤维素晶体属于纤维素Ⅰ型。与竹浆纤维（结晶度63.7%）

相比，CNF的结晶度增大到73%。这是由于进行酶解反应时，纤维素酶可以轻易地进攻可及度和反应活性大的无定形区，使大部分无定形区参加反应而降解，导致CNF的结晶度大幅提高。图2-43为竹浆纤维经不同超声时间（1～7h）处理后样品的XRD谱图，分别标示为S1、S2、S3、S4、S5、S6和S7。与竹浆纤维相比，超声处理4h后的样品的结晶度由63.7%增加到69.21%，超声时间增加到6h，样品的结晶度达到了73%，继续增加超声时间到7h，样品的结晶度下降至70.92%，可能是因为过长时间的超声处理，导致过度的机械性能强度开始作用于部分有序的结晶区，出现了更多不规则的区域。

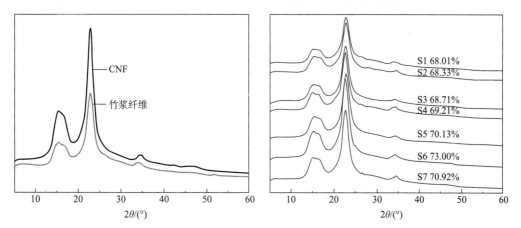

图2-42　竹浆纤维和CNF的XRD图　　图2-43　不同超声处理时间（1～7h）样品的XRD图

（三）FTIR分析

采用傅里叶变换红外光谱仪分析竹浆纤维和纳米产物CNF的表面官能团，结果如图2-44所示。由图可知CNF表现出与竹浆纤维相似的吸收峰分布，两者均显示存在纤维素的基本特征峰：吸收峰位置在3347cm^{-1}、2900cm^{-1}、1058cm^{-1}、1430cm^{-1}处分别对应为纤维固有的羟基、亚甲基（—CH$_2$—）的C—H对称、纤维素醇的C—O、饱和C—H的伸缩振动吸收峰。并且发现在吸收峰1058cm^{-1}附近有很多较弱的肩峰，1112cm^{-1}和1165cm^{-1}分别对应于纤维素分子内醚的C—O、C—C骨架峰。895cm^{-1}对应于特征性β-（1, 4）-糖苷键的C—O—C伸缩振动。CNF与天然纤维素的谱图没有显著差异，说明CNF化学结构未发生变化，对于CNF表现出的特殊性可以解释为源于纳米尺寸效应。

（四）热重分析

采用同步热分析仪对竹浆纤维和冷冻干燥后的CNF粉末进行热重量分析，在30mL/min的N$_2$下，将约10mg样品置于铂盘上，以升温速率10℃/min从30℃加热至700℃，比较竹浆纤维和CNF的热稳定性。

样品的热分析数据如表2-6所示，图2-45为竹浆纤维和CNF的TG和DTG曲线。竹浆

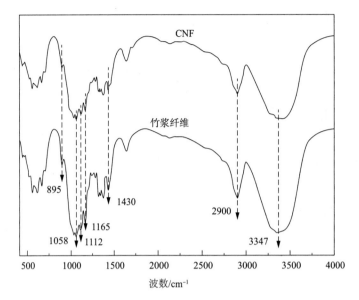

图2-44 竹浆纤维和CNF的红外光谱图

纤维和CNF在温度小于120℃时出现的质量损失，是样品从空气中吸附了少量自由水受热挥发导致的。CNF的起始热分解温度（250℃）比竹浆纤维（303℃）的低，最大分解速率温度（300℃）也比竹浆纤维（350℃）的低。在温度为200~350℃时，CNF的热稳定性低于竹浆纤维，这是由于酶解促使纤维素长链发生断裂，一些小分子纤维素链吸附于CNF表面，在较低温度下，会先降解这些小分子纤维素链。当温度高于350℃时，制备的CNF的热稳定性高于竹浆纤维，在700℃时竹浆纤维质量残余率为3.4%，而CNF仍有15.3%。纤维素酶解反应在温和条件下进行，非晶区和有缺陷的晶体被剔除，而对完美的结晶区的损害较小[27]，对形成分子排列规整度增强的晶体有积极作用。纤维素结晶区晶体的排列对热稳定性有一定影响[28]，CNF在对耐热性要求较高的生物复合材料领域具有潜在应用[29, 30]价值。

表2-6 竹浆纤维和CNF的起始分解温度、最大分解速率温度和残余质量

样品	起始分解温度 T_0/℃	最大分解速率温度 T_{max}/℃	质量残余率/%
竹浆纤维	303	350	3.4
CNF	250	300	15.3

（五）透光率分析

将不同超声时间（1~6h）制备得到的纳米纤维素悬浮液样品稀释至相同浓度（CNF固含量0.1%），在200~700nm的波长范围内，用紫外分光光度计对不同条件下制备的样品进行透光率的波长扫描。

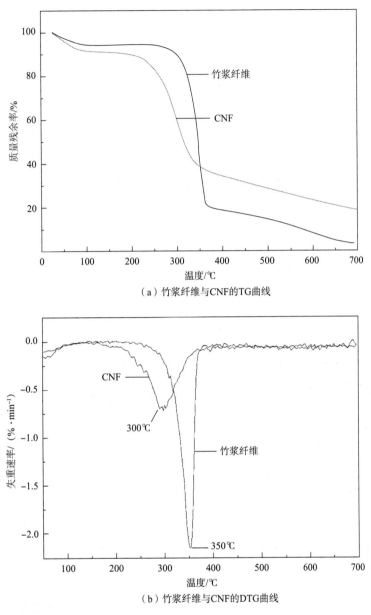

（a）竹浆纤维与CNF的TG曲线

（b）竹浆纤维与CNF的DTG曲线

图2-45　竹浆纤维和CNF的TG曲线和DTG曲线

在酶解温度50℃、酶用量为8％、酶解时间10h的条件下，取不同超声时间制备的悬浮液样品加水稀释至纤维素浓度为0.1％，充分摇匀，分别测试在波长700nm处的透光率，如图2-46所示。由图可知，短时间（1～3h）的超声处理，对产物的透光率影响较小，透光率在超声时间为6h时达到最低值。这是由于当超声时间6h时，纳米纤维素的结晶度达到最大值，此时分子排列规整度最强，入射光线从聚合物表面反射出来导致透过光量损失，故而透光率下降[31]。为明显观察CNF在水中的分散稳定性，将稀释后的样品静置一段时间，观察其沉降现象，如图2-47所示为稀释后的样品及其静置24h后的对比。观察发现，在静置24h后，短时间超声处理的样品聚沉现象较为明显，超声5h的样品发生轻微的聚沉，而超声6h的样品比较稳定，几乎不发生沉降，可见超声处理6h的样品在水中的分散性良好，该胶体较为稳定，因此透光率最低。

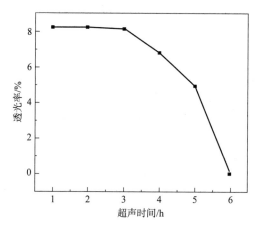

图2-46　不同超声处理时间样品的透光率变化曲线图

图2-47　不同超声处理时间样品及静置24 h后的对比

（六）表面电荷测试

采用Zeta电位测定仪测量纳米纤维素悬浮液的表面电荷。表2-7为不同超声时间（1~7h）制备得到的纳米纤维素及竹浆纤维在水介质中呈现的Zeta电位值。纤维素分子中基团的存在直接影响了纤维素的所带电荷。由表2-7可知，纤维素在水介质中呈电负性，这可能是由于带负电的基团——羟基、糖醛酸的存在，这与FTIR分析结果相符。由表2-7可知，CNF（Zeta电位值-32.6mV）表现出较竹浆纤维（Zeta电位值-8mV）更强的电负性。Zeta电位值（绝对值）越高，表示越强的静电排斥作用，有利于物质更好地分散在水中，更不容易发生团聚沉降现象，这与图2-47所表现出的现象一致，进一步说明超声6h的样品分散稳定性更强。随着超声时间的延长，纳米纤维素的Zeta电位（绝对值）呈增大趋势，这可能是由于超声空化作用促进了纳米纤维素的进一步分散，减少了纳米纤维素之间团聚的产生，使其在水溶液中的分散性增强，Zeta电位值增大。

表2-7　纳米纤维素悬浮液的Zeta电位

样品	Zeta电位/mV
竹浆纤维	−8
超声1h样品	−17.2
超声2h样品	−17.8
超声3h样品	−18.7
超声4h样品	−28.6
超声5h样品	−30.3
超声6h样品	−32.6
超声7h样品	−29.5

三、本节小结

（1）在酶用量8%、酶解时间10h、超声时间6h、酶解温度50℃的条件下可制备得到以纤维素纳米纤维为主的纳米纤维素，其直径约为2~24nm，长度约为50~450nm。透射电镜下观察到纳米纤维素呈束状聚集。

（2）由FTIR分析可知，CNF与天然纤维素的谱图没有显著差异，说明CNF在经过酶预处理和超声波处理后，化学结构几乎不发生变化。对于CNF表现出的各种特殊性可以解释为源于纳米尺寸效应。

（3）由XRD结果可知制备得到的CNF与竹浆纤维的衍射峰位置无显著差异，仍属于Ⅰ型纤维素，结晶度提高到73%，说明在温和条件下进行的酶促反应，对结晶区的破坏力度小。

（4）透光率测试结果显示，超声处理6h的样品透光率达到最低值，这是由于此时纳米纤维素的结晶度达到最大值，排列规整度最强导致光透过率较低。对纳米纤维素沉降现象进行观察，发现超声6h的样品在水中具有良好的分散稳定性。

（5）热重分析测试结果表明，CNF起始降解温度及剧烈失重温度均较竹浆纤维低，但热分解结束时的残余质量较竹浆纤维大，并且在不同的温度范围内表现出不同的热稳定性。纳米纤维素在700℃后仍有达15.3%的残余率，说明纳米纤维素的制备条件温和，对结晶区的损害较小，其在对耐热性要求较高的生物复合材料领域具有潜在应用价值。

（6）表面电荷分析显示制备的纳米纤维素的Zeta电位值达到−32.6mV，表现出较竹浆纤维（Zeta电位值−8mV）更强的电负性，表明纳米纤维素分散在水介质中不容易产生沉淀或絮凝，与透光率测试结果相符。

　　本研究制备的纳米纤维素适于组装功能性稳定的纤维素基纳米材料，在食品、医用包装材料领域均具有潜在的应用价值。

参考文献

［1］李倩倩，黄健涵，刘素琴，等.对甲苯磺酸掺杂聚吡咯的合成、表征及其对金属镁的防腐蚀性能研究［J］.化学学报，2008(5):571–575.

［2］唐爱民，张宏伟，陈港，等.超声波处理对纤维素纤维形态结构的影响［J］.纤维素科学与技术，2005, 13(1): 26–33.

［3］黄金保，刘朝，魏顺安.纤维素单体热解机理的热力学研究［J］.化学学报，2009(18): 2081–2086.

［4］NORMAN J C, SELL N J, DANELSKI M. Deinking laser–print paper using ultrasound［J］. Tappi Journal, 1994, 77(3): 151–158.

［5］HUANG C L. Revealing fibril angle in wood sections by ultrasonic treatment［J］. Wood and Fiber Science, 1995, 27(1): 49–54.

［6］张裕卿，付二红，梁江华.超声波对木质纤维素糖化过程影响的研究［J］.中国生物工程杂志，2007, 27(9): 81–84.

［7］叶君，梁文芷，范佩明，等.超声波处理引起纸浆纤维素结晶度变化［J］.广东造纸，1999 (2): 6–10.

［8］刘潇，董海洲，侯汉学.花生壳纳米纤维素的制备与表征［J］.现代食品科技，2015, 31(3): 172–176.

［9］林凤采，卢麒麟，林咏梅，等.一步法制备乙酰化纳米纤维素及其性能表征［J］.化工进展，2016, 35(2): 559–564.

［10］李荣吉.桑皮纳米纤维素晶须的制备及其应用研究［D］.杭州：浙江理工大学，2010.

［11］ALEMDAR A, SAIN M. Isolation and characterization of nanofibers from agricultural residues–wheat straw and soy hulls［J］. Bioresource Technology, 2008, 99(6): 1664–1671.

［12］MA H, ZHOU B, LI H S, et al. Green composite films composed of nanocrystalline cellulose and a cellulose matrix regenerated from functionalized ionic liquid solution［J］. Carbohydrate Polymers, 2011, 84(1): 383–389.

［13］李轶.糖的磷酰化反应［J］.应用化工，2010,39(8): 1201–1205.

［14］KHALIL H P S A, DAVOUDPOUR Y, ISLAM M N, et al. Production and modification of nanofibrillated cellulose using various mechanical processes: a review ［J］. Carbohydrate Polymers, 2014(99): 649–665.

［15］ SATYAMURTHY P, VIGNESHWARAN N. A novel process for synthesis of spherical nanocellulose by controlled hydrolysis of microcrystalline cellulose using anaerobic microbial consortium ［J］. Enzyme and Microbial Technology, 2013, 52(1): 20–25.

［16］ DUFRESNE A. Nanocellulose: potential reinforcement in composites ［J］. Natural Polymers, 2012(2): 1–32.

［17］ KOSE R, MITANI I, KASAI W, et al. "Nanocellulose" as a single nanofiber prepared from pellicle secreted by gluconacetobacter xylinus using aqueous counter collision ［J］. Biomacromolecules, 2011, 12(3): 716–720.

［18］ 卓治非, 房桂干, 王戈, 等. 酶解竹子溶解浆制备纳米微晶纤维素的研究 ［J］. 造纸科学与技术, 2014, 33(3): 6–8.

［19］ 齐香君, 苟金霞, 韩戌珺, 等. 3,5–二硝基水杨酸比色法测定溶液中还原糖的研究 ［J］. 纤维素科学与技术, 2004, 12(3): 17–19.

［20］ 李春喜, 王子镐. 超声技术在纳米材料制备中的应用［J］. 化学通报, 2001, 64(5): 268–267.

［21］ 陈文帅, 于海鹏, 刘一星, 等. 木质纤维素纳米纤丝制备及形态特征分析 ［J］. 高分子学报, 2010, 1(11): 1320–1326.

［22］ TANG L, HUANG B, OU W, et al. Manufacture of cellulose nanocrystals by cation exchange resin-catalyzed hydrolysis of cellulose ［J］. Bioresource Technology, 2011, 102(23): 10973–10977.

［23］ LU Q, TANG L, LIN F, et al. Preparation and characterization of cellulose nanocrystals via ultrasonication-assisted FeCl3-catalyzed hydrolysis ［J］. Cellulose, 2014, 21(5): 3497–3506.

［24］ AGUSTIN M B, NAKATSUBO F, YANO H. The thermal stability of nanocellulose and its acetates with different degree of polymerization ［J］. Cellulose, 2016, 23(1): 451–464.

［25］ DEEPA B, ABRAHAM E, CORDEIRO N, et al. Utilization of various lignocellulosic biomass for the production of nanocellulose: a comparative study ［J］. Cellulose, 2015, 22(2): 1075–1090.

［26］ SEGAL L, CREELY J J, MARTIN JR A E, et al. An empirical method for estimating the degree of crystallinity of native cellulose using the X-ray diffractometer ［J］. Textile Research Journal, 1959, 29(10): 786–794.

［27］ CHEN Y, HE Y, FAN D, et al. An efficient method for cellulose nanofibrils length shearing via environmentally friendly mixed cellulase pretreatment ［J］. Journal of Nanomaterials, 2017(5):1–12.

［28］ SANDGREN M, GUALFETTI P J, PAECH C, et al. The Humicola grisea Cel12A enzyme structure at 1.2 Å resolution and the impact of its free cysteine residues on thermal stability ［J］. Protein Science, 2003, 12(12): 2782–2793.

［29］ ABRAHAM E,DEEPA B, POTHAN L A, et al. Extraction of nanocellulose fibrils from lignocellulosic fibres: a novel approach ［J］. Carbohydrate Polymers, 2011, 86(4): 1468–1475.

［30］AGUSTIN M B, NAKATSUBO F, YANO H. The thermal stability of nanocellulose and its acetates with different degree of polymerization［J］. Cellulose, 2016, 23(1): 451–464.

［31］李婧，梅宇钊，罗志伟，等．高结晶度透明微晶玻璃的制备［J］.中国有色金属学报，2011,21(6):1450–1456.

第三章

羧基纳米纤维素的"一锅法"制备

氧化法制备纳米纤维素是利用一些强氧化剂来破坏纤维素之间的氢键，使纤维间的排列变得疏松，并将纤维素中某些特定羟基氧化成羧基，在引入大量羧基的同时而不改变纳米纤维素的形貌特征。目前，关于氧化降解制备纳米纤维素的研究并不多，主要是利用TEMPO氧化体系[1, 2]。草酸作为生物体的代谢产物，来源广泛，可以在工业上由植物资源生产，价格便宜，可生物降解，不易挥发。草酸酸性较强，其酸性是醋酸的一万倍，是一种较强的有机二元酸，而且其具有低毒、熔点低、易于回收、使用条件温和的特点。草酸已被广泛应用于木质纤维的酯化反应、水解反应中[3]，而且草酸水解纤维素糖苷键的选择性要高于硫酸，相比液体酸，其回收容易，对设备的腐蚀性小，便于循环使用，且兼具酸水解的特点。近年研究发现，利用强氧化性的过硫酸盐氧化纤维素也可制备纳米纤维素。同TEMPO氧化法相比，过硫酸铵法生成的工艺废水的主要成分是硫酸盐，对环境友好，污染小。过硫酸铵（APS）是一类常用的氧化剂，其具有价格低廉，性质稳定，纯度高，易于储存，使用方便安全等优点，主要用作高分子聚合反应游离引发剂，也可用作油脂肥皂等领域的漂白剂[4]。在一定温度下，过硫酸铵可以分解为硫酸氢盐和过氧化氢，还可以产生硫酸根自由基，这些自由基和过氧化氢分子可以渗透到纤维素的无定形区，破坏无定形区纤维素，从而留下结晶度高的结晶区纳米纤维素[5, 6]。对纳米纤维素进行表面接枝改性，不仅可提高纳米纤维素胶体的分散稳定性，也可对纤维素分子表面进行功能化修饰，接枝上特定的官能基团，拓展纤维素及纳米纤维素的应用领域。

第一节　微波—超声协同草酸水解高效制备羧基纳米纤维素

机械力化学是利用微波、超声、高压均质等方式产生的机械能来诱发化学变化和物理化学变化，广泛应用于制备超微及纳米晶体、纳米复合材料等。为解决纳米纤维素制备过程中提取分离复杂、得率低、易产生废液、对环境不友好、后续处理困难等问题，以及功能化纳米纤维素的制备通常需要先制备出纳米纤维素再进行改性，操作步骤烦琐、反应效率低、中间产物分离困难、成本高等不足，采用草酸作为催化剂及反应试剂，在微波—超声协同作用下"一锅法"反应制备了羧基化纳米纤维素。该方法避免了有机溶剂的使用及中间产物的分离步骤，减少了水的消耗，操作简单、反应时间短、效率高，实现了纤维素的微纳米化与酯化改性的同步进行。

响应面分析法能够较准确地预测实验过程中各因素对实验结果的影响，获得较佳的实验结果，是一种准确度高、实验次数较少的实验分析方法[7]。本节采用草酸作为催化剂及反应试剂，在微波—超声协同作用下"一锅法"反应制备了羧基化纳米纤维素，制备过程中避免了溶剂的使用及水的大量消耗，减少了烦琐的中间产物的分离步骤，反应时间短、效率高，该方法绿色、高效，操作过程简单，获得的纳米纤维素得率高、热稳定性好，为纳米纤维素的绿色、高得率制备开辟了新途径。

一、羧基纳米纤维素的制备

（一）CNCs的制备方法

将人纤浆用粉碎机打碎，得到分散均匀的纤维素浆（Cellulsoe Pulp，CP），70℃烘干备用。在250mL的三口烧瓶中加入3g浆料和70g草酸，置于超声微波萃取仪中，超声功率800W，微波功率500W，加热至110℃反应15～60min，加入去离子水终止反应，待反应物冷却至室温后，用去离子水于9000r/min反复多次离心，脱除酸液并收集，沉淀出纳米纤维素，直至反应物呈中性，收集的酸液进行结晶处理，回收草酸，可重复使用。5000r/min离心收集上层乳白色悬浮液，即为纳米纤维素，冷冻干燥得到纳米纤维素粉末。制备过程如图3-1所示。

作为对照实验，采用常规油浴加热，在115℃条件下用熔融草酸水解纤维素，进行纤维素的水解及酯化反应，反应参数和后续处理步骤与上述条件相同，所制得的产物作为对照试样。

测量特定条件下制备得到的纳米纤维素悬浮液的总体积，量取25mL悬浮液于培养皿中，真空冷冻干燥至恒重，纳米产物的得率由式（3-1）计算：

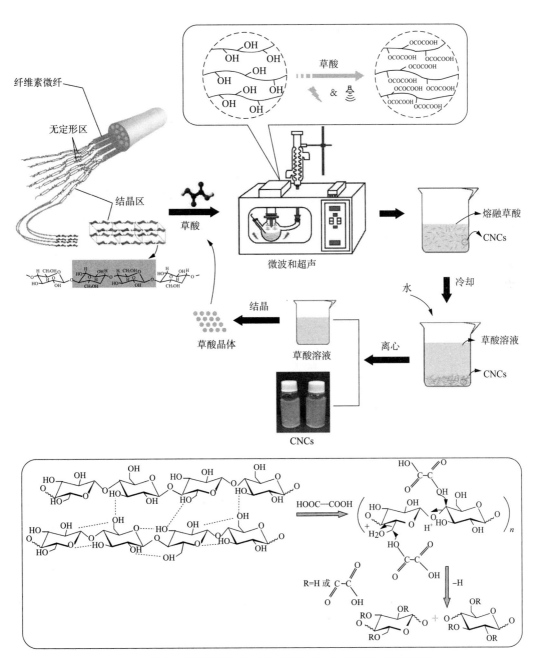

图3-1 超声—微波协同作用下纳米纤维素的"一锅法"制备示意图

$$得率 = \frac{(m_1 - m_2)V_1}{V_2} \times 100\% \qquad (3-1)$$

式中：m_1——干燥后样品与培养皿的总质量，g；

m_2——培养皿的质量，g；

m——纤维原料的质量，g；

V_1——该条件下制备得到的纳米纤维素悬浮液的总体积，mL；

V_2——培养皿中纳米纤维素悬浮液的总体积，mL。

（二）草酸用量对CNCs得率的影响

在反应温度为115℃，反应时间为30min，超声功率为800W的条件下，探索草酸用量对纳米纤维素得率的影响，结果如图3-2所示。草酸用量对纳米纤维素的得率影响较大，在草酸用量在30g/g范围内时，纳米纤维素的得率随着草酸用量的增加而增大；草酸用量为25g/g时，得率达到87%；进一步增大草酸用量，得率呈下降趋势。草酸用量较小时，纤维素降解程度不完全，纳米纤维素得率较低；增加草酸用量能够促进水解反应的进行，使无定形区充分降解，形成的纳米纤维素增多，但草酸用量过大，会导致部分结晶区受到破坏，纤维素大分子完全解聚，过度水解为低分子糖类，纳米纤维素得率降低[8]。

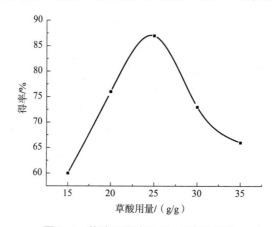

图3-2 草酸用量对CNCs得率的影响

（三）反应温度对CNCs得率的影响

在草酸用量为25g/g，反应时间为30min，超声功率为800W的条件下，考察反应温度对纳米纤维素得率的影响，结果如图3-3所示。由图3-3可知，随着反应温度的增加，纳米纤维素得率增大；当反应温度为110℃时，得率达到最大83%；温度进一步升高，得率呈下降趋势。这是因为草酸的熔融温度在100℃左右，温度达到熔点，草酸开始熔融，所以升高温度有利于草酸的熔融，从而促进了草酸溶液对纤维素的润胀，加速了草酸在纤维素分子内的扩散速率。因此，在一定的温度范围内，温度的升高使纤维素分子结构中的β-1，4糖苷键发生断裂，导致聚合度下降，无定形区水解，粒径减小，有利于纤维素水解及酯化反应的进行，纳米纤维素得率增加。但是温度过高，草酸会浸入纤维素的结晶区，使纤维素进一步水解为葡萄糖，导致纳米纤维素得率下降，因此，反应温度以110℃左右为宜。

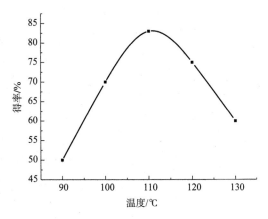

图3-3　反应温度对CNCs得率的影响

（四）反应时间对CNCs得率的影响

在草酸用量为25g/g，反应温度为110℃，超声功率为800W的条件下，考察反应时间对纳米纤维素得率的影响，结果如图3-4所示。随着反应时间的增加，纳米纤维素的得率显著增大，反应时间为30min时，得率达到85%；进一步延长反应时间，纳米纤维素得率逐渐下降。草酸相对于硫酸、盐酸等无机酸的酸性较弱，渗透浸入纤维素内部的速率受到限制，所以在水解反应的初始阶段，反应速率较低；随着反应时间的增加，纤维素在草酸的催化作用下，水解反应充分进行，分子内和分子间氢键受到破坏，糖苷键断裂，无定形区分解，形成纳米纤维素晶体。反应时间过长，草酸浸入结晶区，在草酸的作用下，纤维素的结晶区也会发生分解，纤维素发生过度降解，导致纳米纤维素得率下降。

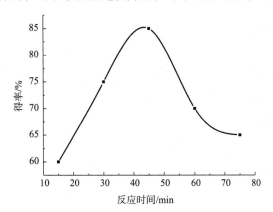

图3-4　反应时间对CNCs得率的影响

（五）超声功率对CNCs得率的影响

在草酸用量为25g/g，反应时间为30min，反应温度为110℃的条件下，考察超声功率对CNCs得率的影响，结果如图3-5所示。随着超声功率的增加，纳米纤维素的得率增大；

超声功率达到800W时，得率达到最大为90%；而后继续增大超声功率，纳米纤维素的得率趋于平缓。在超声处理过程中，超声波以高频振动在纤维素悬浮液中传导，推动介质的作用在负压区产生大量的微小真空气泡，闭合于正压区，产生空化效应，无数真空气泡受压爆破产生的强大冲击力可将经过草酸水解后的纤维素打散，在冲击波的不断作用下，纤维素之间的作用力逐渐被减弱，导致纤维素被破碎形成纳米纤维素。超声波产生的空化作用是影响纤维素的形态结构和聚集状态的主要作用，当超声波作用于空化气泡时，空化气泡在超声波的正负压相作用中积累能量，空化气泡破碎时产生暂时的强压力脉冲，形成瞬间高温，产生高温高压区，并伴有高速微射流。当超声波作用于纤维素—水界面时，界面处与水中的空化作用不同[9]。界面周围的不对称性导致空化气泡变形，靠近纤维素一侧较平，使空化气泡破碎时形成的高速微射流射向纤维素界面，使纤维素被破碎。随着超声波功率的增强，超声波强度增大，空化泡的崩溃变得更加激烈[10]，产生的微射流对纤维素的作用效果更强，使纤维素最终破碎形成纳米纤维素。高强度超声处理具有一定的能源消耗，在保证纳米纤维素较高得率的前提下，应尽量减少超声功率，因此制备过程中选取超声功率为800W。

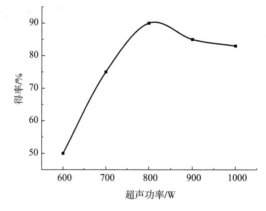

图3-5 超声功率对CNCs得率的影响

二、实验因素的优化

根据单因素实验的分析结果，选取制备过程中对得率影响较大的主要因素，草酸用量（A）、反应时间（B）、超声功率（C）为自变量，确定各因素的条件范围，分别为20~30g/g，15~45min，600~1000W。各自变量的编码值按照$x_i = (X_i - X_0)/\Delta X$计算，各自变量的低、中、高水平分别以−1、0、+1表示，纳米纤维素的得率作为响应值Y。各因素编码及水平见表3-1。

表3-1　各变量因素编码及水平

自变量因素	编码及水平		
	−1	0	+1
草酸用量 A/（g/g）	20	25	30
反应时间 B/min	15	30	45
超声功率 C/W	600	800	1000

注　$x_1 = (A-25)/5$；$x_2 = (B-30)/15$；$x_3 = (C-800)/200$。

采用Design-Expert中的Box-behnken设计，以草酸用量（A）、反应时间（B）、超声功率（C）三个因素为自变量，纳米纤维素的得率为响应值 Y，进行响应面实验设计。实验安排及实验结果见表3-2。

表3-2　实验设计及结果

实验序号	自变量			响应值	
	A/（g/g）	B/min	C/W	实际得率/%	回归方程预测值
1	−1（20）	−1（15）	0（800）	55.20	57.35
2	1（30）	−1（15）	0（800）	78.50	7935
3	−1（20）	1（45）	0（800）	64.60	63.75
4	1（30）	1（45）	0（800）	75.00	72.90
5	−1（20）	0（30）	−1（600）	45.40	45.12
6	1（30）	0（30）	−1（600）	53.50	54.48
7	−1（20）	0（30）	1（1000）	50.30	49.32
8	1（30）	0（30）	1（1000）	70.90	71.17
9	0（25）	−1（15）	−1（600）	49.70	47.88
10	0（25）	−1（15）	−1（600）	70.80	71.93
11	0（25）	1（45）	1（1000）	83.50	82.38
12	0（25）	1（45）	1（1000）	56.50	58.32
13	0（25）	0（30）	0（800）	90.50	86.92
14	0（25）	0（30）	0（800）	88.50	86.92
15	0（25）	0（30）	0（800）	82.80	86.92
16	0（25）	0（30）	0（800）	86.30	86.92
17	0（25）	0（30）	0（800）	86.50	86.92

（一）实验模型的确定

应用Design-Expert软件对实验过程中影响CNCs得率的各个变量与响应值之间的关系进行模型拟合，并对得到的各个模型进行方差分析，以选取合适的模型。各个拟合模型的方差分析和R^2分析结果如表3-3和表3-4所示。

表3-3　多种模型的方差分析

方差来源	平方和	DF	均方	F值	P值	结论
平均值	83090.13	1	83090.13			
线性模型	705.12	3	235.04	0.97	0.4362	
双因素交互线性模型	659.07	3	219.69	0.88	0.4826	
二次多项式	234.59	3	811.53	104.51	<0.0001	推荐
三次多项式	21.51	3	7.17	0.87	0.5254	失真
剩余偏差	32.85	4	8.21			
总计	86943.27	17	5114.31			

表3-4　各模型的R^2分析

类型	标准偏差	R^2	R^2校正值	R^2预测值	预测残差平方和	结论
线性模型	15.56	0.1830	−0.0055	−0.3400	5163.08	
双因素模型	15.78	0.3540	−0.0335	−0.7797	6857.53	
二次多项式	2.79	0.9859	0.9678	0.8974	395.48	推荐
三次多项式	2.87	0.9951	0.9659		+	失真

注　"+"表示数值为1.0000时，预测残差平方和（PRESS）统计量无定义。

由表中各模型的拟合结果可知，二次多项式模型的P值小于0.0001，拟合结果较显著，因此采用二次多项式模型对实验进行分析预测。二次多项式模型的决定系数（R^2）及其校正值（Adj. R^2）接近于1且远大于其他模型，其预测残差平方和远小于其他模型，因此综合分析选取二次多项式模型对实验结果进行预测。

（二）回归方程的建立与检验

由图3-6实验的实际值与预测值的对比可知，回归方程的预测值与实验的实际值较为接近，说明采用二次多项式模型设计实验所获得的回归方程能够较为准确地预测实验结果，回归方程为：

$$Y = 86.92+7.80A+5.23C-3.23AB+3.13AC-12.02BC-14.35A^2-4.25B^2-17.55C^2$$

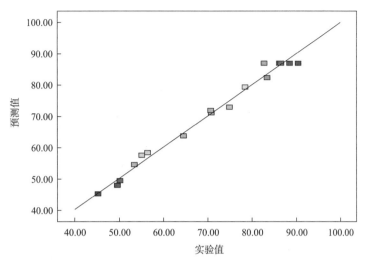

图3-6　CNCs得率的实验值与模型预测值对照图

表3-5中，回归模型的F值为54.35，$P<0.0001$，说明该模型具有良好的显著性[11]；而失拟项的F值为0.87，P值为0.5254，说明回归模型的失拟程度不显著[12]；所以该回归模型实验准确度高，拟合程度较好，可用于纳米纤维素制备过程的分析。

表3-5　回归模型方差分析

方差来源	平方和	自由度（DF）	均方	F值	P值（Prob>F）	显著性
模型	3798.78	9	422.09	54.35	<0.0001	显著
A	486.72	1	486.72	62.68	<0.0001	
B	0.000	1	0.000	0.000	1.0000	
C	218.41	1	218.41	28.13	0.0011	
AB	41.60	1	41.60	5.36	0.0538	
AC	39.06	1	39.06	5.03	0.0598	
BC	578.40	1	578.40	74.48	<0.0001	
A^2	866.74	1	866.74	111.62	<0.0001	
B^2	75.96	1	75.96	9.78	0.0167	
C^2	1296.48	1	1296.48	166.96	<0.0001	
残差	54.36	7	7.77			
失拟	21.51	3	7.17	0.87	0.5254	不显著

续表

方差来源	平方和	自由度（*DF*）	均方	*F*值	*P*值（Prob>*F*）	显著性
误差	32.85	4	8.21			
总和	3853.14	16				

注 模型的决定系数与调整决定系数：$R^2 = 0.9859$；Adj. $R^2 = 0.9678$。

（三）回归方程的参数评估与效应分析

表3-6为回归模型的系数显著性检验结果，A、C、BC、A^2、C^2对响应值的影响达到极显著水平（$P<0.01$），B^2达到显著水平（$P<0.05$），B、AB、AC不显著，表明草酸用量、超声功率、反应时间与超声功率具有一定的交互作用。各因素对CNCs得率的影响程度按大小排列顺序为：草酸用量、超声功率、反应时间。

表3-6 回归模型的系数显著性检验结果

模型中的系数项	系数估计值	*DF*	标准误差	95%置信度的置信区间		*P*值（Prob>0.05）
				95%CI 低	95%CI 高	
截距	86.92	1	1.25	83.97	89.87	
A	7.80	1	0.99	5.47	10.13	<0.0001
B	0.000	1	0.99	−2.33	2.33	1.0000
C	5.23	1	0.99	2.90	7.55	0.0011
AB	−3.23	1	1.39	−6.52	0.070	0.0538
AC	3.13	1	1.39	−0.17	6.42	0.0598
BC	−12.02	1	1.39	−15.32	−8.73	<0.0001
A^2	−14.35	1	1.36	−17.56	−11.14	<0.0001
B^2	−4.25	1	1.36	−7.46	−1.04	0.0167
C^2	−17.55	1	1.36	−20.76	−14.34	<0.0001

（四）模型的交互作用分析

各实验因素之间的等高线图和响应面3D图可以直观地反映出各因素之间的交互作用及各因素对纳米纤维素得率的影响，以确定较佳工艺条件。

1.草酸用量和反应时间之间的交互作用

图3-7为超声功率800W时，草酸用量和反应时间之间的交互作用及对纳米纤维素得

率影响的响应曲面和等高线图。等高线图呈椭圆形，说明草酸用量和反应时间两因素之间具有较为显著的交互作用[13]。随着草酸用量和反应时间的增加，纳米纤维素的得率逐渐增大。草酸酸性较硫酸、盐酸等无机液体酸弱，对纤维素的侵蚀性较弱，其在纤维素中的扩散速率较低，纤维素水解反应完全进行需要一定的反应时间；草酸用量较小，无法使纤维素分子链解聚，会导致水解反应不完全，得率较低；随着草酸用量的增加，水解反应速率加快，在一定的反应时间内，水解反应充分进行，纳米纤维素得率增加。草酸用量过大，纳米纤维素得率下降，主要是因为反应时间较长时，过高的酸浓度会导致纤维素发生过度降解生成葡萄糖，使纳米纤维素得率下降。

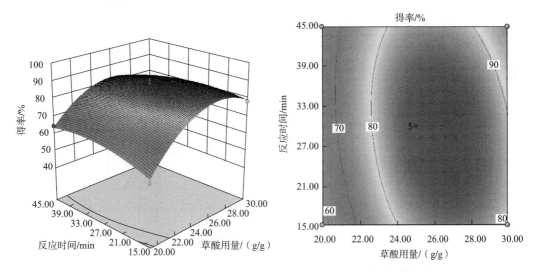

图3-7　草酸用量和反应时间对CNCs得率影响的响应曲面和等高线图

2.超声功率和草酸用量之间的交互作用

图3-8为反应时间30min时，超声功率和草酸用量之间的交互作用及对纳米纤维素得率影响的响应曲面和等高线图。草酸用量恒定时，随着超声功率的增加，纳米纤维素的得率增大；当超声功率为800W时，得率达到最大。超声波作用于空化气泡时，空化气泡在超声波的正负压相作用中积累能量，空化气泡破碎时产生暂时的强压力脉冲，形成瞬间高温，产生高温高压区，并伴有高速微射流，使纤维素被进一步破碎。随着超声波功率的增大，超声波强度增大，空化泡的崩溃变得更加激烈[14]，产生的微射流对纤维素的作用效果更强，使经草酸水解的纤维素最终破碎形成纳米纤维素，纳米纤维素得率增加。超声处理对纤维素的破碎作用有限，超声功率为800W时纤维素已被充分破碎，继续增加超声功率无助于纳米纤维素得率的增加。

3.反应时间和超声功率之间的交互作用

图3-9为草酸用量为25g/g时，反应时间和超声功率之间的交互作用及对纳米纤维素得率影响的响应曲面和等高线图。从曲面图可以看出反应时间对纳米纤维素得率的影响小于超

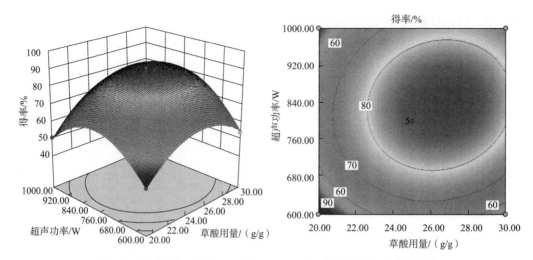

图3-8　超声功率和草酸用量对CNCs得率影响的响应曲面和等高线图

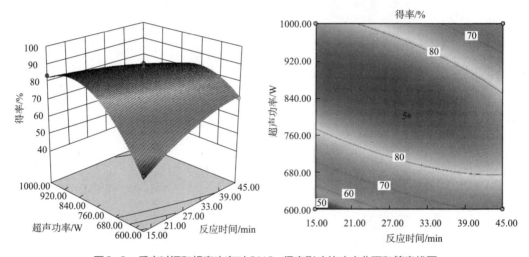

图3-9　反应时间和超声功率对CNCs得率影响的响应曲面和等高线图

声功率对纳米纤维素得率的影响。当超声功率固定在800W时，随着反应时间的延长，纳米纤维素得率也随之增大；当反应时间增到30min左右时，纳米纤维素得率达到最大值；继续增加反应时间，纳米纤维素得率呈逐渐下降趋势。随着反应时间的增加，熔融的草酸溶液作用于纤维素的无定形区，使无定形区发生分解，结晶区保留，形成的纳米纤维素增多；随着反应时间的延长，纤维素结晶区开始水解，逐渐降解为小分子糖类，导致纳米纤维素的得率降低。

4. Design-Expert系统的模拟寻优与检验

由各因素间的交互作用分析可知，响应值纳米纤维素的得率存在最大值，通过Design-Expert软件分析得出纳米纤维素得率的最优条件为：草酸用量27.08g/g，反应时间17.59min，超声功率894.18W，此时纳米纤维素预测得率为89.7508%。考虑到实际实验情况，将各因素修正为：草酸用量27g/g，反应时间18min，超声功率900W。对修正后的各因素进行验证，实验结果显示纳米纤维素的得率为89%，位于预测值95%置信区间内，说明该模型对微波—超声协同作用下纳米纤维素的高得率制备能够进行准确合理的预测。

三、性能表征

采用场发射扫描电子显微镜（FESEM）、场发射透射电子显微镜（FETEM）和原子力显微镜（AFM）对纳米纤维素的表面形貌和尺寸进行分析表征。纳米纤维素的表面电荷采用Zeta电位测定仪测试，以分析纳米纤维素悬浮液的分散稳定性。采用X射线粉末衍射仪（XRD）测试纤维原料和冷冻干燥后的纳米纤维素粉末的晶体结构，并且对不同反应时间段的样品的结晶度进行比较，分析不同超声时间对样品结晶性能的影响。采用傅里叶变换红外光谱（FTIR）对机械力化学处理前后纤维素样品的表面官能团和化学结构的变化进行分析表征。制备的功能化纳米纤维素表面羧基含量（CGC）及取代度（DS）由电导滴定的方法测定[15]。纤维素样品的热稳定性采用同步热分析仪进行表征。

（一）形貌分析

图3-10为在草酸用量25g/g、反应时间30min、超声功率800W的条件下，经离心洗涤至中性的纳米纤维素悬浮液，呈现均一的乳白色，在水溶液中稳定分散；冷冻干燥后得到的纳米纤维素粉末，呈白色略带金属光泽。

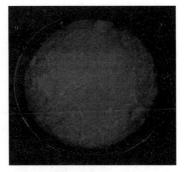

图3-10　纳米纤维素的宏观形貌

如图3-11所示为纤维原料和纳米纤维素的微观形貌。图3-11（a）、图3-11（b）为纤维原料的SEM图，纳米纤维素呈短棒状，晶体颗粒之间交错分布形成网状结构，这使其在复合材料中能够提供增强作用；部分纳米纤维素晶体之间存在团聚现象，主要是由于纳米粒子间较强的氢键作用力，使其形成自组装的网状结构。图3-12为纳米纤维素的尺寸分布情况，在微波—超声协同草酸作用下制备的纳米纤维素长度为200~300nm，直径为25~50nm。

（a）纤维原料的SEM图（5μm）　　　　（b）纤维原料的SEM图（10μm）　　　　（c）CNCs的TEM图

图3-11　纤维原料的SEM图与CNCs的TEM图

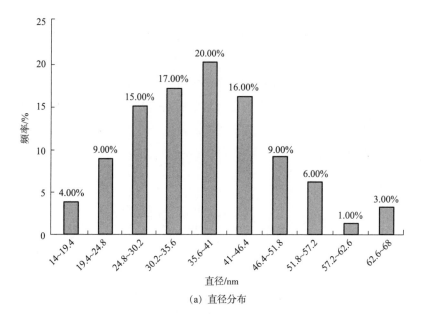

（a）直径分布

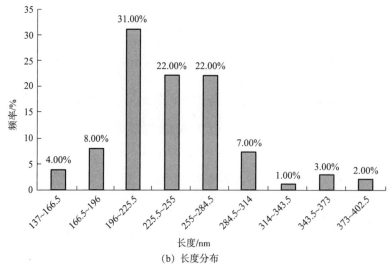

（b）长度分布

图3-12　CNCs的直径与长度尺寸分布

图3-13为制备的纳米纤维素的AFM谱图。采用AFM进行微观形貌的观察，可以充分利用探针与纳米纤维素样品表面之间的分子力相互作用，获得具有较高分辨率的谱图，能够更为清晰地观察到样品的微观形貌。从图中可以看出，纳米纤维素呈棒状，长度为200～300nm，直径为10～30nm，这与TEM的观察结果相符。AFM观察到的纳米纤维素的尺寸较TEM偏大，这可能是由于在AFM扫描过程中，附着在云母片上的纳米纤维素受到重力的作用容易显现出展宽伪影，导致观察到的纳米纤维素尺寸偏大。从AFM谱图中可以看到，纳米纤维素颗粒之间交错分布形成网状结构，同时出现部分团聚现象，这主要是因为纳米纤维素表面含有大量羟基，而且其比表面积大，羟基之间形成了氢键结合作用，导致其产生自团聚现象。

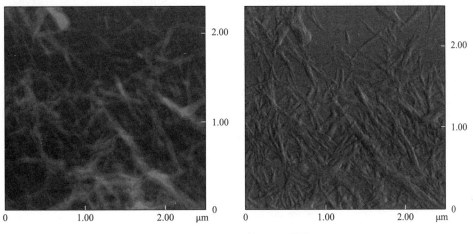

图3-13　CNCs的AFM谱图

（二）分散稳定性分析

悬浮液的Zeta电位值反映了所有纳米粒子相互作用的电荷稳定性，决定了由纳米粒子形成的悬浮液的分散稳定性[16]。通常认为Zeta电位值大于-15mV表示悬浮液开始絮凝或团聚，而低于-30mV意味着纳米粒子间具有足够的相互排斥作用，胶体悬浮液具有良好的稳定性[17]。纳米纤维素分子中有羟基、糖醛酸基等基团，其在水介质中表面电荷显电负性。对于纳米纤维素悬浮液，Zeta电位值越小，表明分散稳定性越好。Zeta电位测试结果显示，制备的纳米纤维素的平均Zeta电位值为-42.9mV，远小于纤维原料的-10mV，同时也小于盐酸水解制备的纳米纤维素的Zeta电位（-6.7mV）[18]，接近硫酸水解纳米纤维素的Zeta电位（-33.8mV）[19]，这说明制备的纳米纤维素悬浮液具有相当好的分散稳定性，与TEM、AFM观察到的纳米纤维素的分散形态一致。通常，纳米纤维素表面电荷的缺乏很容易导致纳米纤维素的聚集，这对于其在纳米复合材料中的应用是不利的。由于熔融草酸在水解过程中与纤维素的羟基具有很强的反应性，因此在纳米纤维素表面形成了许多羧基，羧基之间的电荷排斥作用增强了纳米纤维素的分散稳定性。

（三）晶体结构分析

图3-14（a）为纤维原料和CNCs的X射线衍射图谱。由图可知 在$2\theta=15°$、$16.5°$、$22.7°$、$34.8°$处出现较强的衍射峰，分别对应于（101）、（10$\bar{1}$）、（002）和（040）晶面，表明制备的纳米纤维素的晶型并未发生改变，仍为纤维素Ⅰ型[20]。与纤维原料相比，制备的CNCs在$2\theta=22.7°$处的衍射峰强度增强，结晶度由55.24%增加到78.31%，说明纤维素大分子中的糖苷键和网络结构的分子链逐步发生断裂。在水解反应过程中，纤维素的无定形区容易被降解，在微波、超声协同作用下，纤维素分子链间的氢键断裂，无定形区和无序排列的晶体进一步被破坏，但规整排列的结晶体受到的影响较小，促进了分子排列规整度增强的晶体的形成，所以形成的纳米纤维素的结晶度增加。X射线衍射峰的位置没有发生变化，说明在纳米纤维素的制备过程中纤维素的晶体结构并未发生改变，受到影响的是无定形区和有缺陷的结晶区[21]。图3-14（b）为纤维原料经不同反应时间（15min、30min、45min、60min、75min）后样品的X射线衍射图谱。与纤维原料相比，微波—超声处理15min后的样品SMU-15的结晶度由55.24%增加到了67.85%；继续增加反应时间至30min，SMU-30样品的结晶度达到了78.31%；随着反应时间增加到75min，SMU-75样品的结晶度降低至70.39%。这是因为随着反应时间的延长，微波—超声产生的机械作用力强度增大，在草酸的水解作用下，纤维素部分结晶区的有序结构受到破坏，产生了更多的无序区域，导致纳米纤维素的结晶度下降[22]。

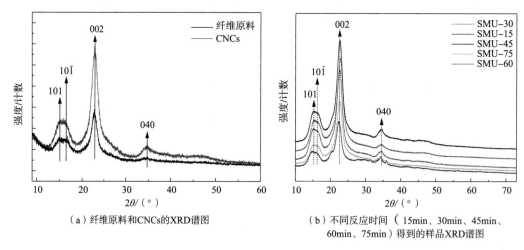

（a）纤维原料和CNCs的XRD谱图　　　（b）不同反应时间（15min、30min、45min、60min、75min）得到的样品XRD谱图

图3-14　XRD谱图

注　图3-14（b）中的15min、30min、45min、60min、75 min 分别标记为SMU-15、SMU-30、SMU-45、SMU-60 和 SMU-75。

（四）化学结构分析

由图3-15（a）FTIR谱图可知，纤维原料和CNCs在3347cm^{-1}附近均有一较强的吸收峰，该吸收峰为羟基的O—H伸缩振动吸收；2900cm⁻¹附近的吸收峰对应于纤维素结构中的C—H伸缩振动吸收；1645cm⁻¹处的吸收峰，对应于纤维素分子中的H—O—H的伸缩振动；1430cm⁻¹处的吸收峰对应于纤维素的饱和C—H弯曲振动吸收；1162cm⁻¹和1110cm⁻¹处的吸收峰分别对应于纤维素的C—C骨架伸缩振动和葡萄糖环的伸缩振动峰；1059cm⁻¹处的吸收峰为纤维素醇的C—O伸缩振动吸收[23]；896cm⁻¹处的吸收峰为纤维素分子中脱水葡萄糖单元间β-糖苷键的特征峰，是异头碳（C_1）的振动吸收[24, 25]。CNCs与纤维原料具有相似的FTIR谱图，说明微波—超声处理后CNCs仍然保持天然纤维素的基本结构。与纤维原料相比，对照试样与CNCs在1732cm⁻¹处均出现新的吸收峰，为羧基—C＝O的伸缩振动峰，表明在纤维素水解过程中草酸与纤维素的羟基发生了酯化反

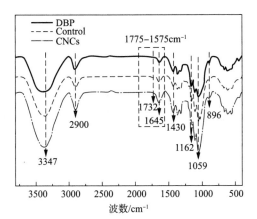
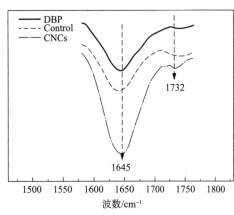

（a）红外谱图

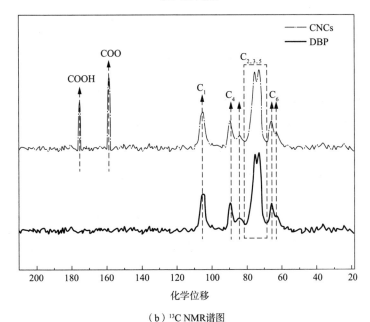

（b）¹³C NMR谱图

图3-15　纤维原料和CNCs的红外谱图及¹³C NMR图谱

应，在纳米纤维素表面生成了酯键。但是1732cm⁻¹的峰强度均较弱，这意味着酯化反应程度较低。另外，与纤维原料相比，CNCs在3347cm⁻¹处的峰强度明显增大，说明纤维素的无定形区在反应过程中被去除较多，大量的羟基暴露出来；同时，CNCs在1162cm⁻¹和1059cm⁻¹两处的吸收峰强度增强，表明CNCs中结晶区含量增加[26]，这与XRD分析的结果相同。

羧基—COOH与酯键—C=O在1732cm⁻¹处的红外吸收峰重叠，FTIR不能准确分辨出制备的纳米纤维素结构中的羧基与酯键，因此，采用固体¹³C CP-MAS NMR对纳米纤维素的表面化学结构进行进一步分析。图3-15（b）为纤维原料及纳米纤维素的CP/MAS ¹³C核磁共振图谱。从图中可以看到，纤维原料及纳米纤维素均在化学位移104.5、88.5、75及64.5处出现纤维素典型的特征吸收峰，分别对应于纤维素 I 的 C_1、C_4、$C_{2,3,5}$ 及 C_6 的共振吸收峰[27,28]，表明制备的纳米纤维素的晶型并未发生改变，仍为纤维素 I 型，这与XRD的测定结果相符。C_1（化学位移104.5），$C_{2,3,5}$（化学位移70、75），C_4（化学位移88.5）及 C_6（化学位移64.5）处的吸收峰对应于纤维素结晶区部分的吡喃葡萄糖环的碳振动吸收，而 C_4（化学位移83.5）和 C_6（化学位移62）处的吸收峰归属于无定形区的吡喃葡萄糖环的碳振动吸收[29]。与纤维原料相比，CNCs在174和157处检测到两个特征峰，其分别对应于羧基（—COOH）和酯基（—COO）中的碳。这一结果表明在纤维素的酸水解过程中同时发生了酯化反应，纳米纤维素表面形成了共价酯键，同时自由羧基也存在于酯化纳米纤维素中。

（五）羧基含量及取代度的测定

电导滴定测试结果显示对照试样的羧基含量（CGC）为0.42mmol/g，取代度（DS）为0.07。然而，当施加微波和超声处理45min后，所得的纳米纤维素的羧基含量提高至1.23mmol/g，取代度增加至0.22。这受益于微波和超声波协同作用引起的传质速率的增加，提高了草酸的反应活性，加速了纤维素水解和酯化反应的进行。理论上，位于原纤维可及区和无定形区的纤维素链含量约为5%，因此纤维素酯化反应的理论取代度为0.05，因为酯化反应很容易在 C_6 羟基发生。然而，对照试样及在微波—超声作用下制得的纳米纤维素样品的取代度都超过了0.05，表明酯化反应在无定形区及部分无序的但不可及的区域都有发生。随着反应时间的增加，纳米纤维素的羧基含量及取代度增加，进一步延长反应时间，羧基含量及取代度保持相对稳定。这是因为酯化反应首先发生在纤维素的可及区和部分不可及区，在当前实验条件下，草酸向纤维素结晶区的渗透受到限制，只有部分纤维素羟基参与酯化反应。

（六）热稳定性分析

图3-16为纤维原料、对照试样和CNCs的热重测试TG及DTG谱图。根据图3-16得

到纤维素样品的起始分解温度T_0、最大分解速率温度T_{max}和质量残余率，如表3-7所示。纤维素的热分解包括纤维素分子链的解聚和脱水过程，然后是葡萄糖基单元的热降解。纤维原料、对照试样和CNCs在110℃之前的质量损失，是由于纤维素样品表面吸附的自由水的挥发导致的。纤维原料的起始热分解温度为295℃，在300～350℃范围内，质量损失程度达到最大，热分解速率达到最大时的温度为335℃。对照试样的起始热降解温度为315℃，最大分解速率温度为345℃。在微波—超声作用下得到的CNCs的起始热分解温度为330℃，在330～380℃范围内，CNCs的质量损失程度达到最大，最大热分解温度为356℃。与纤维原料相比，CNCs热分解后的质量残余率从23%降至17.5%。CNCs热降解后质量残余率的降低可能是由于纳米纤维素制备过程中，纤维素分子链被解聚，分子间及分子内氢键被破坏，暴露出更多的羟基，使纳米纤维素中形成了大量的自由端链[30]。以上测试结果表明，CNCs的热稳定性显著增强。而且与硫酸水解制备的纳米纤维素相比，在微波—超声作用下得到的纳米纤维素具有更高的热稳定性，这可能是因为在微波—超声协同作用下，水解反应速率更高，反应时间短，反应条件温和，纤维素结晶区的破坏较少。硫酸水解制备的纳米纤维素表面含有硫酸根基团，其显著降低了纳米纤维素的热稳定性，使纳米纤维素的热分解温度下降，因为在热降解过程中脱水反应发生在非常低的温度下，释放的硫酸会进一步加速纳米纤维素的分解[31]。另外，CNCs的热稳定性高于对照试样，这意味着纤维素的热稳定性与结晶度有关，即纤维素结构中规整有序的区域越多，其热降解需要更多的能量[32]。在微波—超声协同作用下，纤维素的水解反应进行得比较完全，导致无序部分被更多地去除，而且反应条件温和，对结晶区的破坏较小，有利于形成分子排列规整度增强的晶体，因而纳米纤维素的热稳定性增强。纳米纤维素较高的热稳定性可以拓宽其应用领域，特别是在热稳定性要求很高的生物复合材料方面。

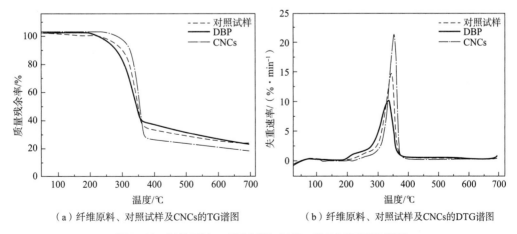

（a）纤维原料、对照试样及CNCs的TG谱图　　（b）纤维原料、对照试样及CNCs的DTG谱图

图3-16　纤维原料、对照试样和CNCs的TG和DTG谱图

表3-7　纤维原料、对照试样、CNCs的起始分解温度、最大分解速率温度和质量残余率

样品	起始分解温度 $T_0/℃$	最大分解速率温度 $T_{max}/℃$	质量残余率/%
纤维原料	295	335	23
对照试样	315	345	22
CNCs	330	356	17.5

四、本节小结

（1）为解决纳米纤维素制备过程中提取分离复杂、得率低、易产生废液、对环境不友好、后续处理困难等问题，以及功能化纳米纤维素的制备通常需要先制备出纳米纤维素再进行改性，操作步骤烦琐、反应效率低、中间产物分离困难、成本高等不足，采用微波—超声协同作用，草酸水解制备了性能较好的羧基化纳米纤维素。该方法避免了有机溶剂的使用及中间产物的分离步骤，减少了水的消耗，操作简单、反应时间短、效率高，实现了纤维素的微纳米化与酯化改性的同步进行，纳米纤维素得率高。

（2）分析了草酸用量、反应时间、反应温度、超声功率等因素对纳米纤维素得率的影响，采用响应面分析法进行实验设计，得到回归方程为：

$$Y = 86.92+7.80A+5.23C-3.23AB+3.13AC-12.02BC-14.35A^2-4.25B^2-17.55C^2$$

（3）较佳的反应条件为草酸用量27.08g/g，反应时间17.59min，超声功率894.18W，纳米纤维素预测得率为89.7508%。考虑到实际实验情况，将各因素修正为：草酸用量27g/g，反应时间18min，超声功率900W。对修正后的各因素进行验证实验，实验结果显示纳米纤维素的得率为89%，位于预测值95%置信区间内，说明该模型对在微波—超声协同作用下纳米纤维素的高得率制备能够进行准确合理的预测。

（4）研究表明，微波—超声协同作用能够促进反应体系的传质传热，提高纤维素反应活性，加速水解反应及酯化反应的速率，使纳米纤维素的得率达到89%。制备的纳米纤维素具有较高的长径比，良好的热稳定性及分散稳定性，羧基含量达到1.23mmol/g，结晶度达到78.31%，这些性能使其能够作为增强相应用于复合材料。

第二节　过硫酸铵氧化降解制备羧基纳米纤维素

APS氧化法是以过硫酸铵作为氧化剂氧化纤维素的无定形区制备纳米纤维素的方法。采用过硫酸铵一步法制备羧基化纳米纤维素，由于整个反应体系较强的氧化性，纤维素C_6

位上的羟基可被氧化成羧基，使制备出的羧基化纳米纤维素（CCN）胶体具有良好的稳定性和反应活性，能更易于与特定化的氨基化合物进行缩合接枝反应，为纳米纤维素进一步的改性提供充分的条件。

本节以MCC为原料制备出纳米级的纤维素，并通过响应面分析法确定了影响过硫酸铵氧化降解制备羧基化纳米纤维素的主要影响因素，优化了过硫酸铵法的制备工艺。

一、羧基纳米纤维素的制备

（一）CCN的制备方法

取2g MCC和一定量的过硫酸铵溶液（1.5mol/L，2mol/L，2.5mol/L）置于50mL的烧瓶中，混合均匀，浸渍一段时间，置于超声波反应器中，在一定温度下进行反应。反应结束后，加入适量去离子水，使反应停止，得到乳白色的纳米纤维素晶体悬浮液。将稀释后的悬浮液置于高速离心机中以9000r/min的转速反复离心洗涤至中性，获得CCN胶体，冷冻干燥得到CCN粉末。

（二）CCN得率的计算方法

均匀混合后，测得CCN的总体积，用移液管量取20mL的CCN于已称量过的称量瓶中，在真空冷冻干燥仪中干燥至恒重，CCN得率按式（3-2）计算。

$$得率 = \frac{(m_1 - m_2)V_1}{V_2 m} \times 100\% \qquad (3-2)$$

式中：m_1——冷冻干燥后样品与称量瓶的质量，g；

m_2——称量瓶的质量，g；

m_1——原料MCC的质量，g；

V_1——CCN的总体积，mL；

V_2——称量瓶中CCN的体积，mL。

（三）响应面实验的设计与数据处理方法

本节在前期单因素实验的基础上，确定了影响过硫酸铵氧化降解制备羧基化纳米纤维素的主要影响因素，分别为反应时间、过硫酸铵浓度和反应温度。在Design-Expert的Box-behnken模式下，以时间、浓度、温度三个因子为自变量，分别用X_1、X_2、X_3来表示。同时，单因素实验也确定了三个因素的范围，它们的范围分别为60~180min，1.5~2.5mol/L，60~80℃。自变量按方程$x_i = (X_i - X_0)/\Delta X$进行编码，其中$x_i$表示自变量的编码值，$X_i$表示自变量的真实值，$X_0$表示实验中心点的自变量真实值，$\Delta X$表示自变量的变化步长。自变量的高、中、低水平编码值分别用-1、0、1来表示。响应值Y表示制备CCN的得率。实验各自变量因素的编码和水平，如表3-8所示。

表3-8 实验各自变量因素的编码及水平

自变量因素	编码及水平		
	−1	0	+1
反应时间 X_1/min	60	120	180
过硫酸铵浓度 X_2/（mol/L）	1.5	2	2.5
反应温度 X_3/℃	60	70	80

注　$x_1 = (X_1-120)/60$；$x_2 = (X_2-2)/0.5$；$x_3 = (X_3-70)/10$。

二、制备工艺的响应面优化设计

（一）响应面实验的设计与模型的建立

在单因素实验基础上，采用Design-Expert的Box-behnken中性组合设计原理模式，以反应时间（X_1）、过硫酸铵浓度（X_2）、反应温度（X_3）3个因素为自变量，以CCN得率（Y）为响应值，做3因素3水平的响应面分析实验，共17种组合实验点。其中有12个分析因子，5个中心实验点，用于实验误差的估计。为了保证得到科学的实验结果，按照随机性原则，挑选组别进行实验。所有实验结果均为在多次实验的基础上取的平均值，误差都在可接受的 ±2% 范围以内。实验设计与结果如表3-9所示。

表3-9 实验设计与结果

实验序号	自变量			响应值 Y	
	X_1/min	X_2/（mol/L）	X_3/℃	得率/%	回归方程预测值
1	1（180）	1（2.5）	0（70）	36.95	37.24
2	0（120）	0（2）	0（70）	43.5	43.28
3	1（180）	0（2）	−1（60）	45.24	45.85
4	0（120）	0（2）	0（70）	43.86	43.28
5	0（120）	0（2）	0（70）	43.4	43.28
6	0（120）	0（2）	0（70）	42.06	43.28
7	1（180）	0（2）	1（80）	34.91	34.48
8	1（180）	−1（1.5）	0（70）	36.18	35.70

续表

实验序号	自变量			响应值 Y	
	X_1/min	X_2 / (mol/L)	X_3/℃	得率/%	回归方程预测值
9	0（120）	–1（1.5）	–1（60）	27.63	27.50
10	–1（60）	0（2）	1（80）	34.5	33.89
11	0（120）	1（2.5）	–1（60）	37.8	36.90
12	0（120）	–1（1.5）	1（80）	25.65	26.56
13	–1（60）	0（2）	–1（60）	30.2	30.63
14	0（120）	1（2.5）	1（80）	29.6	29.73
15	–1（60）	1（2.5）	0（70）	33.6	34.08
16	–1（60）	–1（1.5）	0（70）	23.34	23.05
17	0（120）	0（2）	0（70）	43.59	43.28

在实验的基础上，利用Design-Expert对各个因素与CCN得率之间的关系进行拟合，得到4种拟合模型，对这些模型进行方差分析比较，选取最适合的拟合模型。多种模型的方差分析和 R^2 分析分别如表3-10和表3-11所示。

表3-10　多种模型的方差分析

方差来源	平方和	DF	均方	F 值	P 值	结论
平均值	22032.72	1	22032.72			
线性模型	237.05	3	79.02	1.90	0.1796	
双因素交互线性模型	85.70	3	28.57	0.63	0.6135	
二次多项式	449.79	3	149.93	194.41	< 0.0001	推荐
三次多项式	3.41	3	1.14	2.30	0.2196	失真
剩余偏差	1.98	4	0.50			
总 计	22810.65	17	1341.80			

表3-11　多种模型的 R^2 综合分析

类型	标准偏差	R^2	R^2校正值	R^2预测值	预测残差平方和	结论
线性模型	6.45	0.3047	0.1443	–0.1243	874.64	

续表

类型	标准偏差	R^2	R^2校正值	R^2预测值	预测残差平方和	结论
双因素模型	6.75	0.4149	0.0638	−0.6299	1267.95	
二次多项式	0.88	0.9931	0.9841	0.9258	57.74	推荐
三次多项式	0.70	0.9975	0.9898		+	失真

注 "+"表示数值为1.0000时，预测残差平方和（PRESS）统计量无定义。

由表3-11分析可知，拟合的4种模型中，只有二次多项式模型最为显著，线性和三次多项式模型拟合不显著，故建议采用二次多项式模型。同时，在4种模型中，二次多项式模型的R^2值与R^2校正值比较接近，且其R^2预测值最高，预测残差平方和值远小于其他模型。软件系统趋向于选择具有最小预测残差平方和最大R^2预测值的模型，二次多项式模型满足上述两个条件。综合以上分析，二次多项式模型被认为是此次实验的最佳拟合模型。

（二）回归方程的建立与检验

图3-17为制备CCN实际得率值与预测值之间的关系。由图可知，实际得率值均匀地分布在预测值直线周围，直观说明了此二次项模型适合过硫酸铵氧化降解制备CCN的实验。同样，表3-9中的实际值与预测值之间极小的差别也能说明此模型可行。

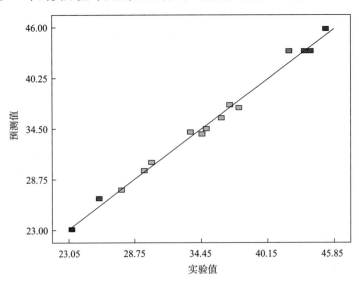

图3-17 过硫酸铵氧化降解制备CCN的实验值与模型预测值对照图

软件对实验结果进行回归分析，得到的回归方程为：

$$Y = 43.28 + 3.96X_1 + 3.14X_2 - 2.03X_3 - 2.37X_1X_2 - 3.66X_1X_3 - 1.55X_2X_3 - 2.36X_1^2 - 8.40X_2^2 - 4.71X_3^2$$

对此模型进行方差分析，结果如表3-12所示。

表3-12　回归模型方差分析

方差来源	平方和	自由度（DF）	均方	F值	P值（Prob $> F$）	显著性
模型	772.53	9	85.84	111.30	< 0.0001	显著
X_1（时间）	125.14	1	125.14	162.26	<0.0001	
X_2（浓度）	79.07	1	79.07	102.52	<0.0001	
X_3（温度）	32.85	1	32.85	42.59	0.0003	
X_1X_2	22.52	1	22.52	29.19	0.0010	
X_1X_3	53.51	1	53.51	69.38	<0.0001	
X_2X_3	9.67	1	9.67	12.54	0.0095	
X_{12}	23.47	1	23.47	30.43	0.0009	
X_{22}	297.34	1	297.34	385.55	<0.0001	
X_{32}	93.35	1	93.35	121.04	<0.0001	
残差	5.40	7	0.77			
失拟	3.41	3	1.14	2.30	0.2196	不显著
误差	1.98	4	0.50			
总和	777.93	16				

注　模型的决定系数和调整决定系数：$R^2 = 0.9931$，Adj $R^2 = 0.9841$。

由表3-12可知，二次项模型的F值为111.3，而P值（Prob $> F$）小于0.0001，表明此模型显著性良好。通常，P值（Prob $> F$）大于0.1000，表明模型的该项是不显著的，如果此值小于0.050，说明该项是显著的。从表中可以看出二次项的各项的P值均小于0.05，而失拟项为0.2196，大于0.05，表明失拟项是不显著的，故此二次项模型拟合程度较好，误差小，可以用此模型对过硫酸铵氧化降解制备CCN的研究进行实验分析。

模型的决定系数R^2和调整决定系数Adj R^2分别为0.9931和0.9841，表明了此模型的实际实验值与预测值之间的相关性达到了99.93%，故此二次项模型拟合程度良好。

（三）回归方程的系数评估与因子效应分析

由表3-13可以看出，二次项模型各项P值（Prob>0.05）均小于0.01，都达到极显著水平。表明反应时间、过硫酸铵浓度和反应温度及它们之间的交互影响都对CCN得率有显著影响。因此三种因素对响应值（CCN得率）的影响主次顺序依次为：过硫酸铵浓度、反应时间、反应温度。三种因素的交互作用对响应值（CCN得率）的影响主次顺序依次为：反应时间×反应温度、反应时间×过硫酸铵浓度、过硫酸铵浓度×反应温度。

表3-13　回归模型系数显著性检验表

模型中的系数项	系数估计值	DF	标准误差	95%置信度的置信区间		P值（Prob>0.05）
				95%CI低	95%CI高	
截距	43.28	1	0.39	42.35	44.21	
X_1（时间）	3.96	1	0.31	3.22	4.69	<0.0001
X_2（浓度）	3.14	1	0.31	2.41	3.88	<0.0001
X_3（温度）	−2.03	1	0.31	−2.76	−1.29	0.0003
X_1X_2	−2.37	1	0.44	−3.41	−1.33	0.0010
X_1X_3	−3.66	1	0.44	−4.70	−2.62	<0.0001
X_2X_3	−1.56	1	0.44	−2.59	−0.52	0.0095
X_{12}	−2.36	1	0.43	−3.37	−1.35	0.0009
X_{22}	−8.40	1	0.43	−9.42	−7.39	<0.0001
X_{32}	−4.71	1	0.43	−5.72	−3.70	<0.0001

（四）单因素响应分析

图3-18为过硫酸铵氧化降解制备CCN过程中各影响因素对CCN得率影响的合成图。图中X轴为各单因素的编码值，其范围为−1~0、0~1，分别代表反应时间（A）60~120min、120~180min、过硫酸铵浓度（B）1.5~2.0mol/L、2~2.5mol/L和反应温度（C）60~70℃、70~80℃。Y轴为制备CCN的得率。当分析考察一个因素时，其他两个因素固定在编码为0处。如要分析反应时间对CCN得率影响时，就固定过硫酸铵浓度和反应温度的编码值为0处位置，即过硫酸铵浓度为2mol/L和反应温度为70℃处。

由图3-18可以看出，随着各单因素的逐步增加，CCN得率先增加后减小，其中过硫酸铵浓度（B—B'）曲线斜率最大，说明其对CCN得率的影响最大，其次是反应时间，最后为反应温度，与前文中综合分析各因子及交互作用影响CCN得率的结论相吻合。

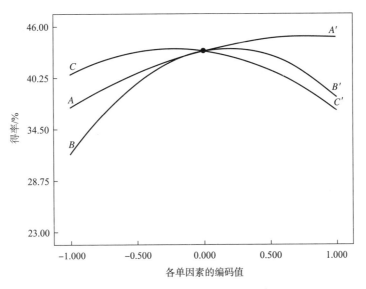

图3-18 各单因素对CCN得率影响曲线

（五）模型的各因子的交互作用影响分析

1. 反应时间和反应温度的交互作用影响

图3-19为固定过硫酸铵浓度为2mol/L时，反应时间与反应温度的响应面曲面图和等高线图，此图可以看出时间和温度因素及两者的交互作用对CCN得率的影响。从曲面图可以看出反应时间对CCN得率的影响大于反应温度对CCN得率的影响。当温度固定在70℃时，随着反应时间的增大，CCN得率也随之增大；当反应时间增到180min左右时，CCN得率达到最大值；后继续反应，得率呈逐渐下降趋势。随着反应时间的增加，开始过硫酸铵分解产生的硫酸根自由基及过氧化氢作用于纤维素的无定形区，降解无定形区纤维素为溶于水的小分子糖类；后随着时间的增加，这些自由基及过氧化氢分子开始降解结晶区纤维素，

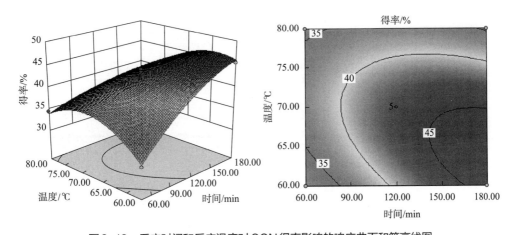

图3-19 反应时间和反应温度对CCN得率影响的响应曲面和等高线图

这使CCN的得率为先增加后降低的抛物线形式。

2.反应时间和过硫酸铵浓度的交互作用影响

图3-20为固定反应温度为70℃时,反应时间与过硫酸铵浓度的响应面曲面图和等高线图,此图可以看出时间和浓度因素及两者的交互作用对CCN得率的影响。等高线图呈椭圆形,说明两者的交互作用对CCN得率的影响较为显著。随着过硫酸铵浓度的增加,CCN得率呈现先增加后减小的趋势;浓度在2mol/L左右时,得率达到最大。过硫酸铵浓度的增加,必然使溶液中硫酸根自由基和过氧化氢增加,从而加速纤维素无定形区的降解,得到较多的CCN;当浓度超过一定量时,纤维素无定形区基本降解完全后,开始降解结晶区,使CCN得率降低。

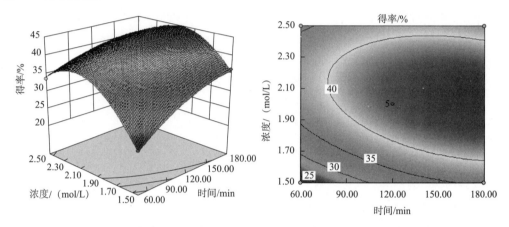

图3-20 反应时间和过硫酸铵浓度对CCN得率影响的响应曲面和等高线图

3.反应温度和过硫酸铵浓度的交互作用影响

图3-21为固定反应时间为120min时,反应温度与过硫酸铵浓度的响应面曲面图和等高线图,由此图可以看出温度和浓度因素及两者的交互作用对CCN得率的影响。等高线图的椭圆度明显小于前面两种交互作用,说明温度和浓度的交互作用对CCN得率

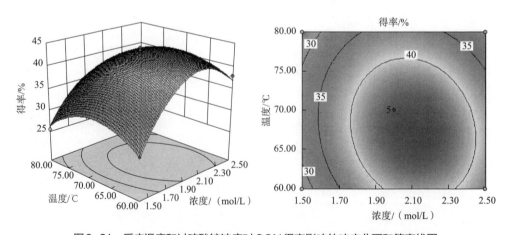

图3-21 反应温度和过硫酸铵浓度对CCN得率影响的响应曲面和等高线图

影响的显著性低于时间与温度、时间与浓度的交互作用对CCN得率影响。在过硫酸铵浓度恒定时，随着反应温度的增加，CCN得率呈现先增大后减小的趋势；当温度达到65℃左右时，得率最高。反应温度的增加，导致了过硫酸铵分解加快，使溶液中硫酸氢根离子、硫酸根自由基及过氧化氢增多，促使纤维素无定形区的加速降解，导致CCN的得率增加；当增大到65℃后，过硫酸铵分解加快，导致溶液中的过氧化氢分子迅速挥发，其作用于纤维素的分子量减少，纤维素降解减慢，从而导致CCN得率的逐步降低。

（六）Design-Expert系统的模拟最优与检验

通过上述分析可知，响应值（CCN得率）存在最大值，进一步通过软件Design-Expert分析得到过硫酸铵氧化降解制备CCN得率最大时的条件为：反应时间为204.26min，过硫酸铵浓度为2.03mol/L，反应温度为62.30℃，预测CCN的得率为46.9337%。考虑到实际实验情况，将此预测条件修正为反应时间204min，过硫酸铵浓度2mol/L，反应温度62℃。

将修正后进行验证实验，得到CCN得率为46.41%，与模型预测值偏差小于2%，说明此模型对过硫酸铵氧化降解制备CCN的工艺优化研究是合理可行的。

三、本节小结

（1）通过过硫酸铵氧化降解，可以制备出纳米级的纤维素晶体。且通过单因素实验确定了影响纳米纤维素晶体得率的主要因素为反应时间、过硫酸铵浓度和反应温度，并确定的大致范围。

（2）通过Design-Expert软件对影响CCN得率的3个因素进行工艺优化，得到合理的二次项模型，并对这些因素的交互影响进行分析。二次项模型的回归方程为：

$$Y = 43.28 + 3.96X_1 + 3.14X_2 - 2.03X_3 - 2.37X_1X_2 - 3.66X_1X_3 - 1.55X_2X_3 - 2.36X_1^2 - 8.40X_2^2 - 4.71X_3^2$$

（3）通过软件Design-Expert分析得到过硫酸铵氧化降解制备CCN最优工艺条件为：反应时间为204.26min，过硫酸铵浓度为2.03mol/L，反应温度为62.30℃，预测CCN的得率为46.9337%。根据实际实验情况，修正条件为反应时间204min，过硫酸铵浓度2mol/L，反应温度62℃。将修正后进行验证实验，得到CCN得率为46.41%，与模型预测值偏差小于2%，说明此模型对过硫酸铵氧化降解制备CCN的工艺优化研究是合理可行的。

参考文献

［1］ SAITO T, OKITA Y, NGE T T, et al. TEMPO-mediated oxidation of native cellulose: microscopic analysis of fibrous fractions in the oxidized products ［J］. Carbohydrate Polymers, 2006, 65(4): 435-440.

［2］ SAITO T, ISOGAI A. TEMPO-mediated oxidation of native cellulose. The effect of oxidation conditions on chemical and crystal structures of the water-insoluble fractions ［J］. Biomacromolecules, 2004, 5(5): 1983-1989.

［3］ LI D, HENSCHEN J, EK M. Esterification and hydrolysis of cellulose using oxalic acid dihydrate in a solvent-free reaction suitable for preparation of surface-functionalised cellulose nanocrystals with high yield ［J］. Green Chemistry, 2017, 19(23): 5564-5567.

［4］ LIU Y, WANG Q. Removal of elemental mercury from flue gas by thermally activated ammonium persulfate in a bubble column reactor ［J］. Environmental Science & Technology, 2014, 48(20): 12181-12189.

［5］ SCHNEIDER M, GRAILLAT C, BOUTTI S, et al. Decomposition of APS and H_2O_2 for emulsion polymerisation ［J］. Polymer Bulletin, 2001, 47(3): 269-275.

［6］ WANG Z, WANG Z, YE Y, et al. Study on the removal of nitric oxide (NO) by dual oxidant ($H_2O_2/S_2O_8^{2-}$) system ［J］. Chemical Engineering Science, 2016(145): 133-140.

［7］ MYERS R H, MONTGOMERY D C, ANDERSON-COOK C M. Response surface methodology: process and product optimization using designed experiments ［M］. Hoboken: John Wiley & Sons Inc., 2016.

［8］ LIU Y, WANG H, YU G, et al. A novel approach for the preparation of nanocrystalline cellulose by using phosphotungstic acid ［J］. Carbohydrate Polymers, 2014(110): 415-422.

［9］ Zhao H P, Feng X Q, Gao H. Ultrasonic technique for extracting nanofibers from nature materials ［J］. Applied Physics Letters, 2007, 90(7): 073112.

［10］ AMBROSIO-MARTÍN J, LOPEZ-RUBIO A, FABRA M J, et al. Assessment of ball milling methodology to develop polylactide-bacterial cellulose nanocrystals nanocomposites ［J］. Journal of Applied Polymer Science, 2015, 132(10):41605.

［11］ ZHU C, LIU X. Optimization of extraction process of crude polysaccharides from Pomegranate peel by response surface methodology ［J］. Carbohydrate Polymers, 2013, 92(2): 1197-1202.

［12］ SARIKAYA M, GÜLLÜ A. Taguchi design and response surface methodology based analysis of machining parameters in CNC turning under MQL ［J］. Journal of Cleaner Production, 2014(65): 604-616.

［13］ WITEK-KROWIAK A, CHOJNACKA K, PODSTAWCZYK D, et al. Application of response surface methodology and artificial neural network methods in modelling and optimization of biosorption process ［J］. Bioresource Technology, 2014(160): 150-160.

［14］ DONG X M, REVOL J F, GRAY D G. Effect of microcrystallite preparation conditions on the formation of colloid crystals of cellulose ［J］. Cellulose, 1998, 5(1): 19–32.

［15］ HABIBI Y, CHANZY H, VIGNON M R. TEMPO–mediated surface oxidation of cellulose whiskers ［J］. Cellulose, 2006, 13(6): 679–687.

［16］ MIRHOSSEINI H, TAN C P, HAMID N S A, et al. Effect of Arabic gum, xanthan gum and orange oil contents on ζ–potential, conductivity, stability, size index and pH of orange beverage emulsion ［J］. Colloids and Surfaces A: Physicochemical and Engineering Aspects, 2008, 315(1–3): 47–56.

［17］ ABD HAMID S B, ZAIN S K, DAS R, et al. Synergic effect of tungstophosphoric acid and sonication for rapid synthesis of crystalline nanocellulose ［J］. Carbohydrate Polymers, 2016(138): 349–355.

［18］ CHENG M, QIN Z, CHEN Y, et al. Facile one–step extraction and oxidative carboxylation of cellulose nanocrystals through hydrothermal reaction by using mixed inorganic acids ［J］. Cellulose, 2017, 24(8): 3243–3254.

［19］ LIU C, LI B, DU H, et al. Properties of nanocellulose isolated from corncob residue using sulfuric acid, formic acid, oxidative and mechanical methods ［J］. Carbohydrate Polymers, 2016(151): 716–724.

［20］ DEEPA B, ABRAHAM E, CORDEIRO N, et al. Utilization of various lignocellulosic biomass for the production of nanocellulose: a comparative study ［J］. Cellulose, 2015, 22(2): 1075–1090.

［21］ OUN A A, RHIM J W. Characterization of nanocelluloses isolated from Ushar (Calotropis procera) seed fiber: effect of isolation method ［J］. Materials Letters, 2016(168): 146–150.

［22］ PHANTHONG P, GUAN G, MA Y, et al. Effect of ball milling on the production of nanocellulose using mild acid hydrolysis method ［J］. Journal of the Taiwan Institute of Chemical Engineers, 2016(60): 617–622.

［23］ IBRAHIM M M, EL–ZAWAWY W K. Extraction of cellulose nanofibers from cotton linter and their composites ［M］//PANDEY J K, TAKAGI H, NAKAGAITO AN,et al. Handbook of Polymer Nanocomposites. Processing, Performance and Application: Volume C:Polymer Nanocomposites of Cellulose Nanopartides. Heidelberg: Springer–Verlag, 2015: 145–164.

［24］ ABIDI N, CABRALES L, HAIGLER C H. Changes in the cell wall and cellulose content of developing cotton fibers investigated by FTIR spectroscopy ［J］. Carbohydrate Polymers, 2014(100): 9–16.

［25］ RAMBABU N, PANTHAPULAKKAL S, SAIN M, et al. Production of nanocellulose fibers from pinecone biomass: evaluation and optimization of chemical and mechanical treatment conditions on mechanical properties of nanocellulose films ［J］. Industrial Crops and Products, 2016, 83: 746–754.

［26］ CHERIAN B M, POTHAN L A, NGUYEN–CHUNG T, et al. A novel method for the synthesis of cellulose nanofibril whiskers from banana fibers and characterization ［J］. Journal of Agricultural and Food Chemistry, 2008, 56(14): 5617–5627.

［27］ BERNARDINELLI O D, LIMA M A, Rezende C A, et al. Quantitative ^{13}C MultiCP solid–state NMR as a tool for evaluation of cellulose crystallinity index measured directly inside sugarcane biomass [J]. Biotechnology for Biofuels, 2015, 8(1): 1–11.

[28] WANG T, HONG M. SOLID–STATE NMR investigations of cellulose structure and interactions with matrix polysaccharides in plant primary cell walls [J]. Journal of Experimental Botany, 2016, 67(2): 503–514.

[29] TANG L, HUANG B, YANG N, et al. Organic solvent–free and efficient manufacture of functionalized cellulose nanocrystals via one–pot tandem reactions [J]. Green Chemistry, 2013, 15(9): 2369–2373.

[30] MEYABADI T F, DADASHIAN F, SADEGHI G M M, et al. Spherical cellulose nanoparticles preparation from waste cotton using a green method [J]. Powder Technology, 2014(261): 232–240.

[31] ROSA M F, MEDEIROS E S, MALMONGE J A, et al. Cellulose nanowhiskers from coconut husk fibers: effect of preparation conditions on their thermal and morphological behavior [J]. Carbohydrate Ppolymers, 2010, 81(1): 83–92.

[32] LU Q, CAI Z, LIN F, et al. Extraction of cellulose nanocrystals with a high yield of 88% by simultaneous mechanochemical activation and phosphotungstic acid hydrolysis [J]. ACS Sustainable Chemistry & Engineering, 2016, 4(4): 2165–2172.

第四章

基于机械力化学作用的纳米纤维素结构修饰

纳米纤维素表面的羟基基团与非极性介质界面相容性弱，限制了纳米纤维素应用范围。因此需对其进行有效的功能化修饰，如酯化、乙酰化、烷基化、酰胺化、聚合物接枝等[1]。其中对纳米纤维素进行酯化改性是一种非常重要的改性方法。随着经济的发展和人们对生产安全和环保问题的日益重视，纳米纤维素酯化反应的高取代度化、绿色化和无毒化成为当前研究的趋势。随着机械力化学法的兴起，利用机械力化学法辅助纳米纤维素的制备和改性也成为研究热点之一，其可降低化学反应的活化能，增加纤维素的反应活性，满足纳米纤维素的低碳、高得率的制备要求。

第一节　胺化纳米纤维素

羧基纳米纤维素为氧化纳米纤维素，其反应活性较强，易与氨基化合物发生酸胺缩合反应。胺化后的纳米纤维素不仅具有纳米纤维素的特性，而且可以通过缩合反应接枝上特定的官能基团，拓展纳米纤维素的应用领域。一方面，当纳米纤维素接枝上多胺化合物后，纤维素链分子上有大量游离的阳离子氨基存在，可以与阴离子发生交换作用，吸附金属离子及人体内的一些毒素，制备出阴离子纳米吸附材料。另一方面，纳米纤维素上游离的氨基可以与环氧基团发生反应，本身纳米纤维素可以作为增强剂，加之游离氨基的固化作用，在环氧树脂增强领域亦有广泛的应用前景。

本节利用前一章制备的羧基纳米纤维素（CCN）与二乙烯三胺发生酸胺缩合反应，制备出胺化接枝后的纳米纤维素（A–CCN），通过一系列表征手段验证氨基成功接枝到纳米纤维素的表面。

一、胺化纳米纤维素的制备

（一）CCN氧化度的测定

本节采用电导滴定的方法来测定CCN的氧化度[2]。称取0.25g CCN粉末悬浮于50mL、0.01mol/L的HCl溶液中，超声10min使CCN充分分散。用0.01mol/L的NaOH溶液滴定此CCN悬浮液，用Thermo电导率仪测定体系的电导率，记录并作出体系电导率随着NaOH滴定体积的变化曲线图。CCN氧化度（DO）的计算公式为：

$$DO = \frac{162(V_2 - V_1)C}{w - 36(V_2 - V_1)C} \tag{4-1}$$

式中：$V_2 - V_1$——CCN中羧基消耗的NaOH体积，mL；

$\quad\quad C$——NaOH的浓度，mol/L；

$\quad\quad w$——CCN样品的质量，g；

$\quad\quad$162——脱水葡萄糖单元（anhydroglucose unit，AGU）的分子量；

$\quad\quad$36——葡萄糖酸钠与AGU之间的差值。

（二）CCN的胺化接枝

本节中CCN表面接枝二乙烯三胺分别在水相和DMF相中进行。

（1）取100mL CCN悬浮液（CCN固含量为1g），1.12g 1–乙基–（3–二甲基氨基丙基）碳酰二亚胺盐酸盐（EDC），0.81g N–羟基琥珀酰亚胺（NHS）于250mL烧瓶中，混合均匀，超声活化30min，缓慢滴加1mL的二乙烯三胺，滴加完毕用0.05mol/L的HCl溶液和0.05mol/L的NaOH溶液调整体系的pH为7~8，室温下超声反应24h。反应结束后，9000r/min离心脱去反应液体，用去离子水反复离心洗涤接枝后的纳米纤维素几次，再用丙酮洗涤三次，得到水相制备胺化纳米纤维素晶体［A–CCN（W）］，取一部分水洗，旋蒸脱除丙酮，真空冷冻干燥样品。

（2）取1g CCN干燥粉末，1.12g 1–乙基–（3–二甲基氨基丙基）碳酰二亚胺盐酸盐（EDC），0.81g N–羟基琥珀酰亚胺（NHS），100mL N, N–二甲基甲酰胺（DMF）于250mL烧瓶中，混合均匀，超声活化30min，后缓慢滴加1mL的二乙烯三胺，滴加完毕室温下超声反应24h。反应结束后，9000r/min离心脱去反应液体，用去离子水反复离心洗涤接枝后的纳米纤维素几次，再用丙酮洗涤三次，得到DMF相制备胺化纳米纤维素晶体［A–CCN（D）］，取一部分水洗，旋蒸脱去丙酮，真空冷冻干燥样品。

二、性能表征

（一）羧基化纳米纤维素晶体氧化度的测定

滴定体系电导率随着的NaOH体积的变化曲线如图4-1所示。根据图4-1及式（4-1）可以计算出CCN的氧化度为0.127。

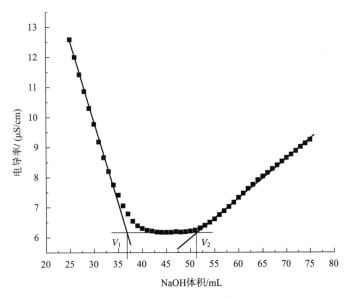

图4-1　CCN的电导率曲线

（二）羧基化纳米纤维素晶体与二乙烯三胺的反应过程

羧基化纳米纤维素与二乙烯三胺的偶联接枝反应过程如图4-2所示。首先，CCN的羧基在EDC的催化作用下，与其反应生成酰脲中间体（O-acylurea）；其次，此酰脲中间体进一步与NHS反应生产NHS酯中间体（NHS-ester intermediate）；最后NHS酯中间体与加入的二乙烯三胺反应，得到目标产物胺化纳米纤维素。由于二乙烯三胺上的两个氨基分别为伯氨基和仲氨基，在一般的酸胺缩合反应中，仲胺的活性高于伯胺，但是在这种长链反应中，由于长链的位阻太大，以伯胺反应为主，即图中的产物（a）。另外，仲胺的电子效应强于伯胺的，此缩合反应也会生成部分产物（b）。此反应在水相中，溶液pH对反应的进行影响较大，为防止反应向不利于生成目标产物的方向进行，需在加入胺后调整体系的pH为7~8[3，4]。

（三）傅里叶红外光谱分析

图4-3为MCC、CCN、A-CCN（W）和A-CCN（D）的红外光谱图。由图可以观察到，四个样品的峰型基本保持一致，都具有天然纤维素的基本化学结构，在3355cm^{-1}附近有很

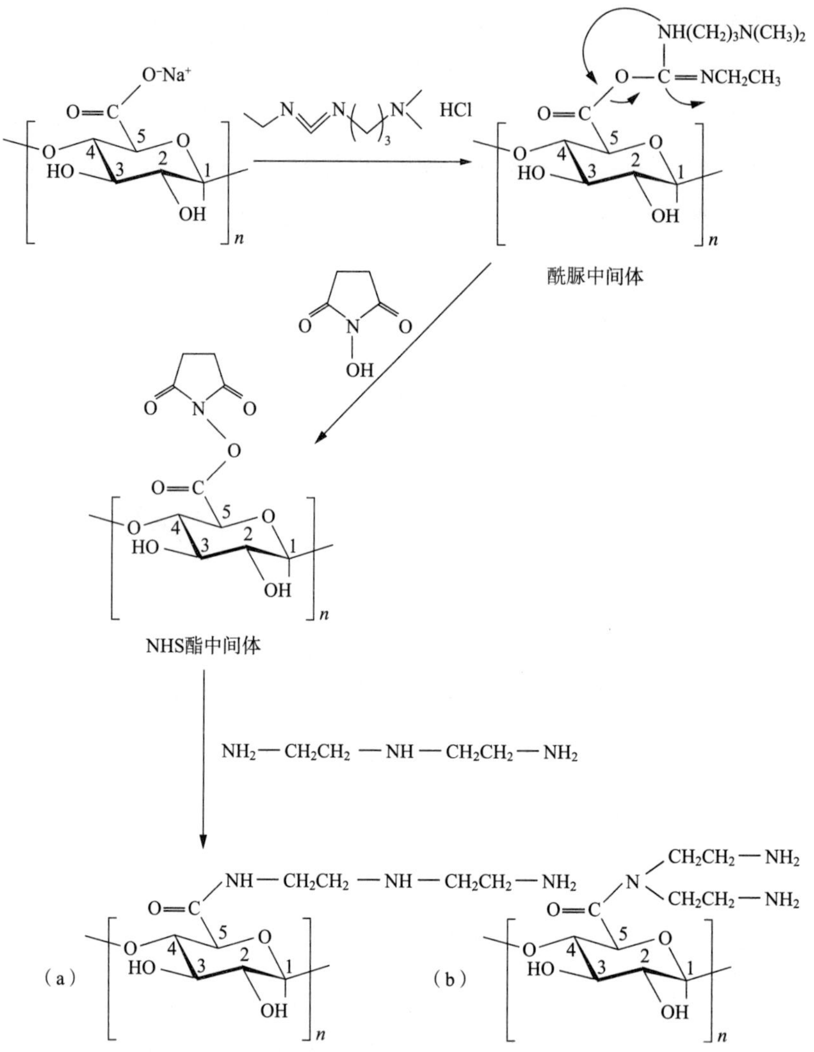

图4-2 羧基化纳米纤维素表面胺化的偶联反应过程

强的吸收峰带，为羟基的O—H伸缩振动吸收峰。2900cm⁻¹附近的峰对应纤维素分子中亚甲基的C—H对称伸缩振动吸收峰。1635cm⁻¹是H—O—H的弯曲伸缩振动峰，这是纤维素中存在大量亲水性的羟基，吸附环境中水分所致[5]。1430cm⁻¹代表纤维素的亚甲基的剪式振动吸收峰。在1375cm⁻¹附近对应于O—H的弯曲振动吸收峰。1060cm⁻¹处出现了很强的吸收峰，代表纤维素醇的C—O伸缩振动。896cm⁻¹为纤维素异头碳（C_1）的振动频率[6]。

图中在吸收峰1735cm⁻¹和1550cm⁻¹两处存在差异，吸收峰1735cm⁻¹代表羧基的C＝O伸缩振动[7]，原料MCC没有此峰，而过硫酸铵氧化处理得到的CCN存在此峰，说明纤维素在这个过程中有部分羟基被氧化，这是过硫酸铵分解产生的氧化剂H_2O_2选择性地把纤维素C_6原子上的羟基氧化成了羧基所致。在水相和DMF相中接枝的A-CCN在1735cm⁻¹外代表氧化纳米纤维素和二乙烯三胺反应形成的酰胺（—CONH—）中的C＝O伸缩振动。

接枝后的胺化CCN（A-CCN）在1550cm^{-1}外出现了吸收峰，代表酰胺键（—CONH—）中的N—H弯曲振动。图中可以看出在DMF相中反应生成的A-CCN此峰较大，而在水相中反应生成的A-CCN不明显，可以说明羧基化纳米纤维素与二乙烯三胺的接枝反应在DMF相中接枝率更高。在红外光谱中，接枝产物A-CCN同时出现1735cm^{-1}和1550cm^{-1}两个峰，可以证实二乙烯三胺成功接枝到了纳米纤维素晶体的表面。

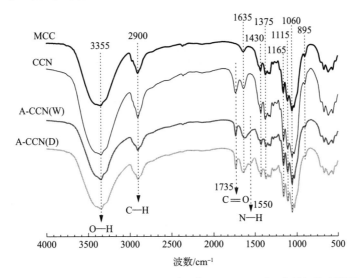

图4-3　MCC、CCN、A-CCN（W）和A-CCN（D）的红外光谱图

（四）核磁共振（^{13}C NMR）分析

图4-4为MCC、CCN、A-CCN（W）和A-CCN（D）的^{13}C NMR谱图。由图可知，4个样品的吸收信号主要在化学位移为50～120处，呈现典型的纤维素核磁信号吸收峰。在化学位移65、89和105处的吸收信号分别对应于结晶区C_6、C_4和C_1，而非结晶区C_6和C_4分别位于化学位移63和84处。而化学位移70～81内强的吸收峰归属于不与糖苷键连接环碳的C_2、C_3和C_5。

与MCC相比，CCN在化学位移175.07处出现了一个峰，对应于羧基的（C＝O）化学位移。说明MCC经过过硫酸铵氧化降解后得到了羧基化的纤维素，这主要是在降解过程中过硫酸铵分解产生的H_2O_2氧化C_6上的羟基为羧基所致。当CCN在水相和DMF相中与二乙烯三胺发生缩合反应后，在核磁谱图上化学位移发生偏移，在173.16处出现了一个新的吸收峰，代表酰胺（—CONH—）的C_6—N的化学位移。综上所述，证实了CCN上羧基的存在和氨基成功地接枝到CCN的表面。

（五）元素分析

通过对纤维素样品进行C、H和N元素的分析，不仅可以直观地证实纳米纤维素是否

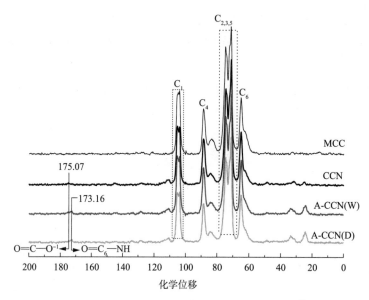

图4-4　MCC、CCN、A-CCN（W）和A-CCN（D）的 ^{13}C NMR谱图

胺化成功，还能得出各个样品中C、H、N的相对含量，由于纯纤维素本身不含氮元素，那么这些N元素为接枝上去的胺化物所含N元素。以N元素含量可以间接地计算出胺化纳米纤维素接枝氨基的接枝率（Grafting degree，DG）。其计算公式如式（4-2）所示：

$$DG = \frac{162W_N}{14 \times 3 \times 100W} \times 100\% \qquad （4-2）$$

式中：W_N——样品中N元素的含量百分比；

　　　W——纤维素样品的相对质量。

元素分析结果如表4-1所示。

表4-1　CCN、A-CCN（W）和A-CCN（D）的元素分析结果

样品名称	W_N /%	W_C /%	W_H /%
CCN	0.11	42.25	6.477
A-CCN（W）	1.42	43.59	6.700
A-CCN（D）	1.74	43.78	6.648

由表4-1可以看出，三个样品均含有N元素，CCN、水相中制备的A-CCN和DMF相中制备的A-CCN中N元素含量分别为0.11%、1.42%和1.74%。CCN中含有少量N元素可能是因为过硫酸铵处理MCC后在纤维素表面残留的少量铵根离子。与CCN相比，A-CCN中N元素含量较高，说明二乙烯三胺成功接枝到了纳米纤维素的表面。另外DMF相中制备的A-CCN中N元素含量高于在水相中制备的A-CCN，可以直观地说明在DMF相中更有利于

接枝反应的进行。这是由于缩合反应过程中会失去一分子水，在无水的条件下，更有利于可逆反应向缩合反应的方向进行，因而得率较高。这也证实了 A–CCN（D）在红外谱图上在 1550cm^{-1} 处峰更强。根据式（4–2）计算 A–CCN（W）和 A–CCN（D）的接枝率分别为 5.05% 和 6.29%。

（六）微观形貌分析

过硫酸铵氧化降解制备的 CCN、A–CCN（W）和 A–CCN（D）的微观形貌如图4–5所示。由图可以看出，CCN、A–CCN（W）和 A–CCN（D）均呈棒状，形貌基本相同。三者在水中分散均匀，可以在水中形成稳定的胶体悬浮液。CCN 的直径为 10～30nm，长度为 50～200nm。水相反应得到的 A–CCN 的直径为 10～40nm，长度范围为 50～300nm。而

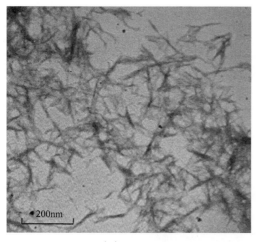
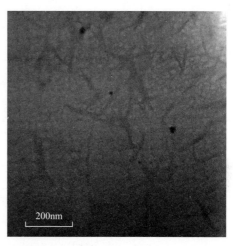

（a）CCN　　　　　　　　　　　（b）A–CCN（W）

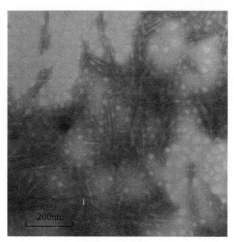

（c）A–CCN（D）

图4-5　CCN、A–CCN（W）和A–CCN（D）的透射电镜图

DMF相中制备得到的A–CCN直径范围为15～50nm，长度范围为100～400nm。A–CCN较CCN的颗粒大可能是因为在接枝反应过程中CCN颗粒有少量聚集。而在DMF相中得到的A–CCN（D）颗粒最大，这是因为原料是经冷冻干燥后的CCN，冷冻干燥过程为纳米纤维素聚集的不可逆过程，反应后经强超声作用，原料可部分纳米化分散在水中形成胶体。

（七）X射线衍射分析

图4-6为MCC、CCN在水相制备的A–CCN和在DMF相制备的A–CCN的XRD图谱。由图可以看出，四个纤维素样品的峰形基本保持不变，说明过硫酸铵处理过程及胺化接枝反应过程中，纤维素的结晶结构没有发生较大变化[8]。在XRD图谱上15.3°、16.2°、22.5°处出现了最强峰，分别对应于纤维素晶体的（101）、（10$\overline{1}$）、（002）面，因此认为MCC、CCN、A–CCN（W）和A–CCN（D）均属于纤维素Ⅰ型[9, 10]。结晶度（GI）的计算采用Segal经验公式[11]，计算公式如式（4–3）所示：

$$CrI = \frac{(I_{200} - I_{am})}{I_{200}} \times 100 \qquad (4-3)$$

式中：I_{200}——结晶区［即（200）面］的衍射强度；

I_{am}——无定形区（即$2\theta = 18°$）的衍射强度。

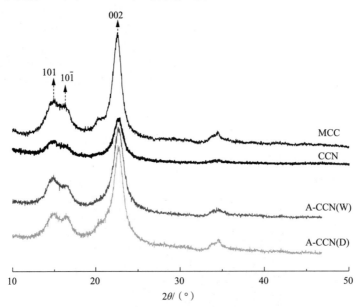

图4-6　MCC、CCN、A–CCN（W）和A–CCN（D）的X射线衍射图谱

用经验公式（4–3）计算得到MCC、CCN、A–CCN（W）和A–CCN（D）的结晶度，如表4-2所示。

表4-2 MCC、CCN、A-CCN（W）和A-CCN（D）的结晶度

纤维素样品	2θ（am）/（°）	2θ（002）/（°）	结晶度（CrI）/（°）
MCC	18.615	22.615	81.66
CCN	18.795	22.895	78.35
A-CCN（W）	18.275	22.675	79.52
A-CCN（D）	18.535	22.655	77.96

由表4-2可知，MCC结晶度较高，为81.66%，而CCN和两相制备得到的A-CCN结晶度基本相同，相对于MCC略有下降，可能是在过硫酸铵降解过程中，部分结晶区纤维素遭到破坏所致。

（八）热重分析

图4-7为MCC、CCN、A-CCN（W）和A-CCN（D）的TG曲线和DTG曲线。从图中可以看出，经过一系列处理后，CCN、A-CCN（W）和A-CCN（D）的热降解行为均发生了较为明显的变化。在最初阶段，都有少量的失重，这主要是纤维素样品吸附的少量水分失脱所致[12]。根据图4-7可以计算出MCC、CCN、A-CCN（W）和A-CCN（D）的初始分解温度、最大分解速率温度和热失重，结果如表4-3所示，由表可知，MCC的初始分解温度为338.5℃，最大分解速率温度为363.8℃，经过硫酸铵氧化降解后生成的CCN和接枝后的A-CCN的热分解温度和最大分解速率温度都有较明显的降低。说明经过一系列化学处理后CCN和A-CCN的热稳定性能变差。这可能是因为MCC在氧化降解纳米化的过程中，部分结晶区纤维素遭到破坏，无序度和可及度增大，在热解的过程中反应活性增大，从而导致其更易热分解，热稳定性能降低。而CCN经过接枝后得到的A-CCN的初始分解温度和最大失重速率均大于CCN，说明经过接枝反应后，A-CCN的热稳定性能得到了一定程度的改善，耐热性增强。另外，A-CCN（W）和A-CCN（D）在450～550℃出现了第二次热分解，这是在纤维素纳米晶体在200～400℃下降解后，接枝的二乙烯三胺在450～550℃下降解。这是化学表面修饰后纳米纤维素的一个较明显特点[13]。因而可以进一步地证实CCN的表面成功地引入了氨基。

表4-3 MCC、CCN、A-CCN（W）和A-CCN（D）的初始分解温度、最大分解速率温度和热失重

样品	初始分解温度/℃	最大分解速率温度T_{max}/℃	热失重/%
MCC	338.5	363.8	88.5
CCN	256.5	325.6	64.2
A-CCN（W）	299.5	332.6	58.1
A-CCN（D）	310.9	342.0	66.1

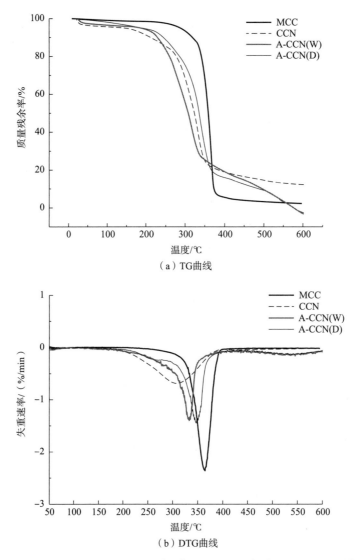

（a）TG曲线

（b）DTG曲线

图4-7　MCC、CCN、A-CCN（W）和A-CCN（D）的TG和DTG曲线

三、本节小结

（1）羧基纳米纤维素在水相和DMF相中，以EDC和NHS作为催化剂，通过超声辅助成功与二乙烯三胺发生缩合接枝反应，制备得到胺化纳米纤维素：A-CCN（W）和A-CCN（D）。通过电导滴定，得到CCN的氧化度为0.127。

（2）采用FTIR、NMR和EA对原料MCC、CCN及接枝后的A-CCN的化学结构进行表征分析，证实了羧化和胺化的成功发生。FTIR谱图中，CCN在1735cm^{-1}处出现了羧基的C＝O伸缩振动峰，而两相制备的A-CCN均在1735cm^{-1}和1550cm^{-1}处出现了峰，证实了酰胺（—CONH—）的存在。NMR图谱显示CCN在化学位移175.07处出现了羰基（C=O）的峰，而两相制备得到的A-CCN在化学位移175.07和173.16处均有峰，表明酰胺键（—CONH—）的存在。EA分析得到A-CCN（W）和A-CCN（D）的胺化率分别为5.05%和6.29%。

（3）采用TEM对CCN及接枝后的A-CCN的微观形貌进行观察分析，CCN、A-CCN（W）和A-CCN（D）均呈棒状，形貌基本相同，颗粒均达到纳米尺度。接枝后，A-CCN的尺寸略有增大。

（4）采用XRD对原料MCC、CCN及接枝后的A-CCN的晶体结构进行对比分析，四种纤维素均为纤维素Ⅰ型。MCC、CCN、A-CCN（W）和A-CCN（D）结晶度分别为81.66、78.35、79.52和77.96。经过一系列的化学处理后，CCN和A-CCN结晶度有所下降。

（5）采用TG对原料MCC、CCN及接枝后的A-CCN的热稳定性能进行表征分析，表明MCC的热稳定性能最好，经过处理后得到的CCN热稳定性能下降，而通过化学改性接枝氨基后A-CCN的热稳定性能又得到了一定程度的改善，耐热性增强。

第二节　纳米纤维素柠檬酸酯

磷钨酸（Phosphotungstic acid，PTA）既是一种酸性很强的固体杂多酸，又是一种多功能的新型绿色催化剂，具有很高的催化活性[14]。它良好的催化稳定性，可用于均相和非均相反应，甚至可用作相转移催化剂，且对环境几乎没有污染，而且容易回收。已有研究[15]以磷钨酸为催化水解剂，使纤维原料降解，得到了在纳米尺寸范围内的NCC，得率达到60.5%，但在反应过程中磷钨酸的用量很大，需要达到70%，耗时比较长，反应效率较低。机械力化学法是指采用微波、超声、高压均质等机械方式诱发化学反应的产生并促进物质的结构或性质的改变，从而获得新材料及改性材料[16, 17]。机械力化学是一门新兴的交叉学科，已被广泛应用于纳米粉末的制备、纳米复合材料的制备、分体表面改性及晶体结构的研究等。利用机械力化学法具有明显降低反应活化能、提高晶粒活性、诱发低温化学反应等优点。机械力化学过程中所产生的化学作用、机械力和热效应形成协同作用，可显著提高纳米纤维素的反应效率，有巨大的应用前景。本节阐述以磷钨酸为水解剂和催化剂，通过机械力化学法制备酯化纳米纤维素（Esterified nanocellulose，E-CNCs），实现纳米纤维素的分离制备与酯化反应同步进行，获得了性能良好的柠檬酸酯化纳米纤维素，反应过程如图4-8所示。

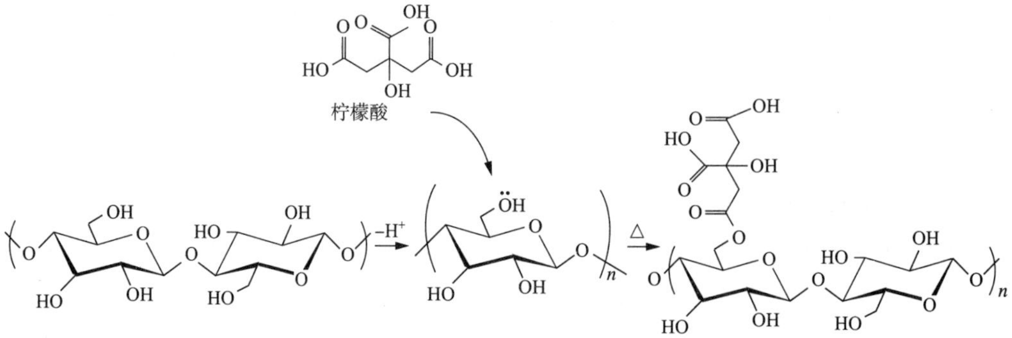

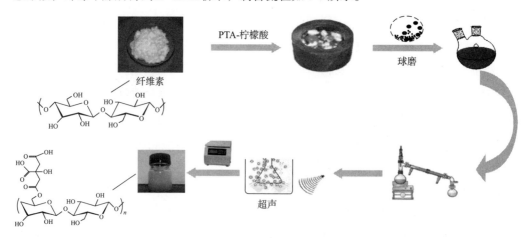

图4-8 E-CNCs酯化反应示意图

一、纳米纤维素柠檬酸酯的制备

将漂白竹浆纤维经过高速粉碎机粉碎，烘干备用，称取2g竹浆纤维置于玛瑙球磨罐中，加入16g的柠檬酸和一定浓度的磷钨酸溶液40mL，在600r/min的转速下球磨0.5～2.5h。球磨结束后将样品转移到烧瓶中恒温反应一定时间，PTA的浓度为3%～8%，反应温度取80～160℃，反应时间取4～8h。反应结束后，将反应物超声分散0～2h，然后反复通过高速离心（9000r/min、10min）去除酸液，直至呈中性，酸液用乙醚处理回收磷钨酸。降低离心速率（5000r/min、5min）收集上层乳白色悬浮液即酯化纳米纤维素E-CNCs悬浮液，冷冻干燥后得到E-CNCs粉末，制备流程如4-9所示。

纤维素

PTA-柠檬酸

球磨

超声

图4-9 机械力化学法制备酯化纳米纤维素的流程

将E-CNCs均匀分散，测出总体积，用移液管吸取30mL于称量瓶中，在105℃烘箱中烘干至恒重。按照式（4-4）计算E-CNCs的得率Y：

$$Y(\%) = \frac{(m_1 - m_2)V_1}{V_2 m_3} \times 100\% \qquad (4\text{-}4)$$

式中：m_1——干燥后样品和称量瓶的总质量，g；

   m_2——称量瓶的质，g；

   m_3——漂白竹浆纤维素原料的质量，g；

   V_1——E-CNCs悬浮液的总体积，mL；

   V_2——称量瓶中E-CNCs悬浮液的总体积，mL；此处为30mL。

  E-CNCs改性程度用取代度（DS）来表示，用酸碱滴定的方法来测定[18]。首先将E-CNCs和去离子水配制成3mg/mL的悬浮液，然后超声波分散30min。在悬浮液中滴加过量的NaOH溶液（0.1mol/L）和1滴酚酞试剂，采用HCl溶液（0.1mol/L）进行滴定，当悬浮液的颜色由紫红色变为无色时，且30s内不变色，即为滴定终点。其DS可由式（4-5）和式（4-6）来计算：

$$A = \frac{BC - EF}{G} \tag{4-5}$$

$$DS = \frac{0.162A}{(1 - 0.174A)} \tag{4-6}$$

式中：B——NaOH的滴加量，mL；

   E——消耗HCl的体积，mL；

   C——NaOH的浓度，mol/L；

   F——HCl的浓度，mol/L；

   G——E-CNCs的质量，g；

  174——E-CNCs增加的摩尔质量，g/mol；

  162——纤维素脱水葡萄糖单元的摩尔质量，g/mol。

（一）球磨时间对E-CNCs的得率和取代度的影响

  当磷钨酸浓度为6%，反应时间为6h，超声时间为1.5h时，考察球磨时间对E-CNCs得率和取代度的影响，结果如图4-10所示。球磨时间对E-CNCs的得率和取代度影响较大。随着球磨时间的增加，E-CNCs得率和取代度增加。这是因为在高速球磨过程中，玛瑙球与纤维素粉末碰撞，纤维素粉末不断细化，比表面积增加，表面活性增加，纤维素分子链键断裂及表面原子的官能团极性改变[19]，有利于纤维素水解及酯化反应的正向进行。当球磨时间到达1.5h时，E-CNCs的得率和取代度达到最大，进一步延长球磨时间，得率有所下降。主要是由于在高速球磨过程中，产生的冲击力、剪切力、压力等作用力，对纳米纤维素的结晶区也会产生影响[20]，纤维素水解过度，副反应增多，导致E-CNCs得率和取代度下降。

（二）磷钨酸浓度对E-CNCs的得率和取代度的影响

  当反应时间为6h，超声时间为1.5h，球磨时间为1.5h时，考察磷钨酸浓度对E-CNCs

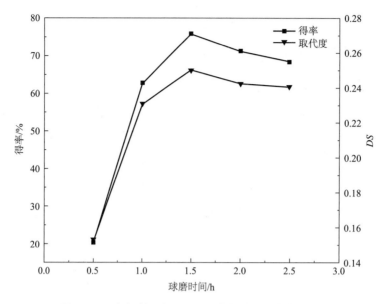

图4-10　球磨时间对E-CNCs的得率和取代度的影响

的得率和取代度的影响，结果如图4-11所示。随着磷钨酸的浓度增加，E-CNCs的得率和取代度增加，当磷钨酸浓度为6%时，E-CNCs的得率和取代度达到最大。这是由于磷钨酸在浓度较低时，提供的质子酸中心较少，纤维素的无定形区渗透不完全，且磷钨酸兼具催化酯化的功能[19]，随着磷钨酸浓度增加，促进纤维素水解和催化反应的正向进行。但磷钨酸浓度过大，结晶区受到破坏，E-CNCs的得率和取代度也随着降低[21, 22]。

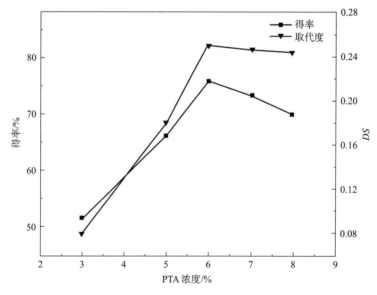

图4-11　PTA浓度对E-CNCs的得率和取代度的影响

（三）反应时间对E-CNCs得率和取代度的影响

在磷钨酸浓度为6%，超声时间为1.5h，球磨时间为1.5h时，反应时间对E-CNCs的得率和取代度的影响的结果如图4-12所示。E-CNCs的得率和取代度随着时间增加而显著增加，当反应时间到达6h时，得率达到75.6%，取代度达到0.25。反应时间大于6h，E-CNCs得率和取代度逐渐下降。这是由于磷钨酸是一种固体酸催化剂，与纤维素的表面接触有限，在纤维素水解反应开始时反应速率相对较低；随着时间的增加，纤维素表面和磷钨酸充分接触，水解反应和酯化反应正向进行，纤维素分子链糖苷键断裂，氢键受到破坏，无定形区分解，体系反应能力升高，E-CNCs的得率和取代度增加。但反应时间过长，在持续强酸的作用下，逐渐分解纤维素的结晶区，所以6h后E-CNCs得率下降。

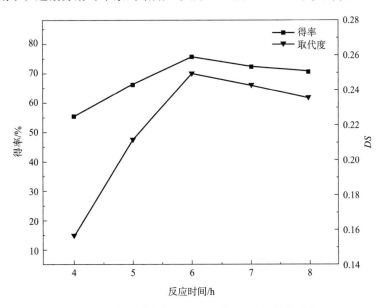

图4-12　反应时间对E-CNCs的得率和取代度的影响

（四）超声时间对E-CNCs的得率和取代度的影响

在磷钨酸浓度为6%，反应时间为6h，球磨时间为1.5h时，超声时间对E-CNCs的得率和取代度的影响的结果如图4-13所示。在超声1.5h范围内，E-CNCs的得率随着超声时间的增加而增加，取代度略微增加。当超声时间为1.5h时，E-CNCs的得率为75.6%，取代度为0.25。这是由于超声过程中，水中的微小气泡在超声波的作用下局部产生拉应力把液体"撕开"成一空洞的空化效应，能提供大量的能量、瞬间高压不断冲击纤维素表面，纳米纤维素分子间的氢键作用力减弱，有利于化学试剂渗透到纤维素内部，有效解离纤维素的无定形区，导致E-CNCs的得率下降。

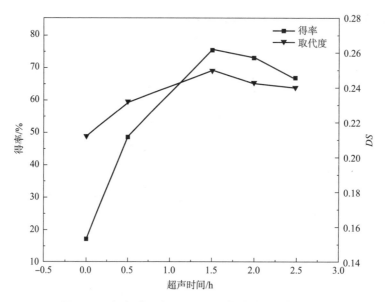

图4-13　超声时间对E-CNCs的得率和取代度的影响

二、性能表征

（一）形貌分析

图4-14（a）、图4-14（b）分别为E-CNCs的TEM图和竹浆纤维原料的SEM图。从图中可以看出竹浆纤维呈卷曲扁平棒状，直径大约为20μm，长度在几百微米左右。而E-CNCs呈棒状结构，纳米粒之间形成交错网状结构，在复合材料中能成为良好的增强填

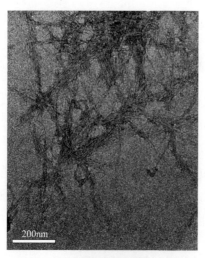

（a）E-CNCs的TEM谱图

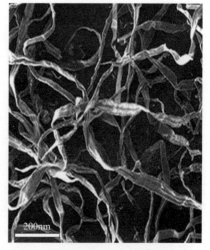

（b）竹浆纤维的SEM谱图

图4-14　E-CNCs的TEM谱图和竹浆纤维的SEM谱图

料；少部分酯化纳米纤维素晶体之间存在团聚现象，主要是由于纳米纤维素分子内和分子间较强的氢键作用力，使其自组装成交错的网状结构[23]。图4-15（a）、图4-15（b）为通过Nano Measurer软件对酯化纳米纤维素的尺寸分布统计的结果，机械力化学法制备的E-CNCs的直径为8～10nm，长度为180～210nm，长径比值为18～26。

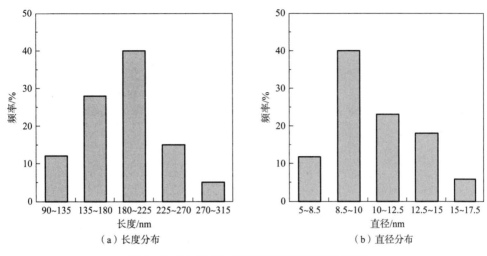

（a）长度分布　　　　　　　　　（b）直径分布

图4-15　E-CNCs的长度分布图和直径分布图

（二）FTIR分析

图4-16为竹浆纤维原料和不同取代度的E-CNCs的FTIR谱图。图中将取代度为0.08、0.18、0.22、和0.25的E-CNCs分别标记为E-CNCs-1、E-CNCs-2、E-CNCs-3、E-CNCs-4。从图中可知，竹浆纤维素和E-CNCs在$3430cm^{-1}$附近有一较强吸收峰，对应为羟基的O—H伸缩振动吸收[24]，且强度有所增加，说明机械力化学作用在一定程度上破坏了纤维素分子间氢键作用，取代度达到0.25时强度降低可能是柠檬酸也参加了分子间氢键作用[25, 26]。$2900cm^{-1}$左右的吸收峰为纤维素结构的C—H的伸缩与反伸缩振动，在$1635cm^{-1}$处附近的吸收峰对应纤维素分子中的饱和C—H弯曲振动吸收[27]；在$1160cm^{-1}$和$1110cm^{-1}$处表现出纤维素C—C骨架伸缩振动和葡萄糖环的伸缩振动；$1050cm^{-1}$附近的特征吸收峰为纤维素醇的C—O伸缩振动[28]，且与竹浆纤维相比，E-CNCs的吸收峰强度增强，说明E-CNCs的结晶度增加[26]；而在$892cm^{-1}$处的吸收峰为纤维素分子中β-糖苷键的特征峰，纤维素异头碳（C_1）的振动吸收[29]。对比竹浆纤维、E-CNCs的红外光谱，可以看到E-CNCs除了保持原始竹浆纤维原料的红外谱图中的吸收峰以外，在$1730cm^{-1}$附近出现了较强的吸收峰，是由于纤维素酯化（C=O）伸缩振动，而且随着取代度的提高，吸收峰的强度也不断增加[30]。说明纤维素与柠檬酸成功酯化形成了C=O的化学结构，且E-CNCs保持了与竹浆纤维素相似的FTIR谱图，表明E-CNCs保持了纤维素的基本骨架结构。

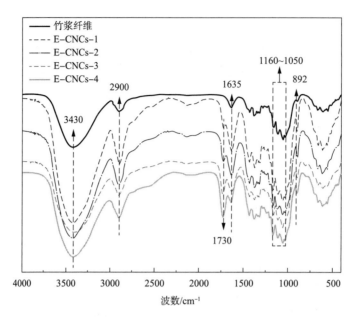

图4-16 竹浆纤维和不同取代度E-CNCs的红外光谱

（三）固体核磁（^{13}C-NMR）表征

由于核磁共振碳谱（^{13}C-NMR）能确定纤维素分子上各种碳的位置，分子的构型、构象，因此E-CNCs的酯化改性也可以利用核磁共振碳谱加以表征[31, 32]。如图4-17所示，在化学位移50～105时，E-CNCs和竹浆纤维都出现了典型的纤维素特征信号峰；化学位移70～78的共振信号峰为糖环上不与糖苷键连接的C_2、C_3和C_5[33]；纤维素C_1、C_4和C_6的共振特征信号峰分别在化学位移103.3、87.1和63.5处[34, 35]。E-CNCs在化学位移43.6附近的特征信号峰对应柠檬酸的亚甲基碳（C_8、C_{11}），E-CNCs的季碳（C_9）可能在化学位移70～75处无法与糖环上的碳区分开来，在化学位移174.2附近的特征信号峰对应柠檬酸的羧酸羰基碳（C_{10}、C_{12}）。在化学位移174.2附近的特征信号峰对应柠檬酸的酯基碳（C_7）[36]，与红外谱图（图4-16）中1725cm^{-1}附近C＝O吸收峰均说明了在机械力化学的协同作用下，柠檬酸成功接枝到了纤维素表面。

（四）XRD分析

图4-18为竹浆纤维原料和不同取代度的E-CNCs的XRD谱图。图中将取代度为0.08、0.18、0.22和0.25的E-CNCs分别标记为E-CNCs-1、E-CNCs-2、E-CNCs-3、E-CNCs-4。由图4-18可以看出竹浆纤维和E-CNCs的XRD衍射峰在$2\theta = 15.1°$、$16.5°$、$22.5°$和$34.7°$处出现典型纤维Ⅰ型的衍射峰[37]，分别对应于（101）、（10$\bar{1}$）、（002）和（040）晶面，表明纤维素酯化改性后的E-CNCs的晶型并未有改变[15]。与竹浆纤维相比，E-CNCs在$2\theta = 25.5°$处的衍射峰加强，结晶度由68.2%增加到80%，表明在机械力化学作用下纤维素分

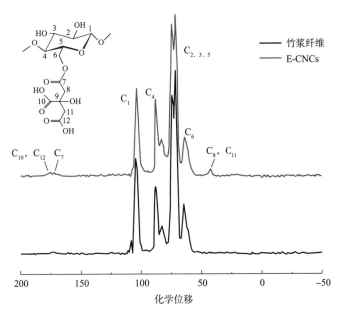

图4-17 竹浆纤维和E-CNCs的固体核磁光谱图（^{13}C-NMR）

子中的糖苷键及分子链断裂，无定形区降解，结晶度提高[38]。E-CNCs-1、E-CNCs-2、E-CNCs-3、E-CNCs-4的结晶度分别为80%、79.6%、78%、75%。由此可知随着取代度的增加，结晶度稍微有所下降，表明柠檬酸与纤维素的酯化改性只发生在纤维素表面，几乎没有破坏纤维素的内部结构。

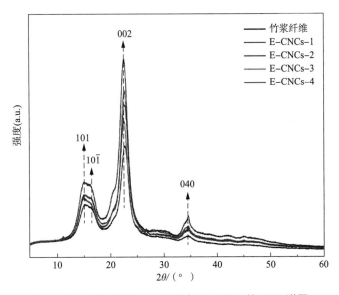

图4-18 竹浆纤维和不同取代度E-CNCs的XRD谱图

（五）TGA分析

图4-19为竹浆纤维原料和不同取代度的E-CNCs的TG和DTG谱图。图中将取代度为0.08和0.25的E-CNCs分别标记为E-CNCs-1和E-CNCs-4。从图4-19中可以看出，当温度为30~130℃时纤维素表面吸附的自由水造成了质量损失，且E-CNCs质量损失要比竹浆纤维大，且随取代度增加而增加，说明纤维素酯化的E-CNCs因羧基修饰后更具有亲水性而吸湿性增强[39,40]。竹浆纤维的起始分解温度和最大分解速率温度为195℃和336℃，E-CNCs-1的初始分解温度和最大分解速率温度分别是260℃和358℃，E-CNCs-4的初始分解温度和最大分解速率温度分别是253℃和355℃，表明机械力化学法制备的E-CNCs稳定性增强。

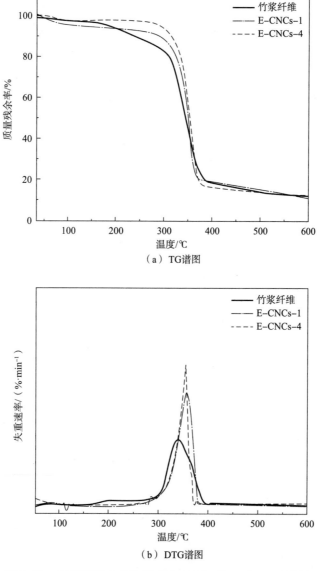

（a）TG谱图

（b）DTG谱图

图4-19　竹浆纤维和不同取代度E-CNCs的TG和DTG谱图

三、本节小结

以竹浆纤维为原料，磷钨酸为催化剂，通过机械力化学柠檬酸酯化制备得到E-CNCs。该方法绿色环保，操作较为简单。考察球磨时间、磷钨酸的用量、超声时间对E-CNCs得率和取代度的影响，得到较为良好的制备条件：球磨时间1.5h，磷钨酸浓度6%，反应时间6h，超声时间1.5h。此条件下，E-CNCs的得率达到75.6%，取代度为0.25。

利用SEM、TEM、XRD、TGA、FTIR和^{13}C-NMR分别对竹浆纤维原料和E-CNCs的形貌和尺寸、晶型和结晶度、化学结构、热稳定性进行表征分析。具体结论如下：在机械力化学作用下的柠檬酸酯化E-CNCs呈棒状结构，直径为8～10nm，长度为180～210nm；E-CNCs为纤维素Ⅰ结构，晶型没有发生变化，结晶度变大；E-CNCs热稳定性有所上升；FTIR和^{13}CNMR对E-CNCs化学结构表征证明了柠檬酸成功地接枝到竹浆纤维表面上。结果表明，机械力化学作用能够使纤维素反应活性增加，使水解反应速率增快，提高酯化反应的接枝率。

参考文献

［1］LIN N, HUANG J, DUFRESNE A. Preparation, properties and applications of polysaccharide nanocrystals in advanced functional nanomaterials: a review［J］. Nanoscale, 2012, 4(11): 3274-3294.

［2］SAITO T, NISHIYAMA Y, PUTAUX J L, et al. Homogeneous suspensions of individualized microfibrils from TEMPO-catalyzed oxidation of native cellulose［J］. Biomacromolecules, 2006, 7(6): 1687-1691.

［3］SEGAL L, CREELY J J, MARTIN A E, et al. An empirical method for estimating the degree of crystallinity of native cellulose using the X-ray diffractometer［J］. Textile Research Journal, 1959, 29(10): 786-794.

［4］JOHNSON R K. TEMPO-oxidized nanocelluloses: surface modification and use as additives in cellulosic nanocomposites［D］.Blacksburg:Virginia Polytechnic Institute and State University, 2010:1-144.

［5］张力平，唐焕威，曲萍，等. 一维棒状纳米纤维素及光谱性质［J］. 光谱学与光谱分析，2011, 31(4): 1097-1100.

［6］LEUNG A C W, HRAPOVIC S, LAM E, et al. Characteristics and properties of carboxylated cellulose nanocrystals prepared from a novel one-step procedure［J］. Small, 2011, 7(3): 302-305.

［7］邓启平，李大纲，张金萍. FTIR法研究出土木材化学结构及化学成分的变化［J］. 西北林学院学报，2008, 23(2): 149-153.

［8］QI H, CAI J, ZHANG L, et al. Properties of films composed of cellulose nanowhiskers and a cellulose matrix regenerated from alkali/urea solution ［J］. Biomacromolecules, 2009, 10(6): 1597–1602.

［9］ HEISKANEN I, BACKFOLK K, VEHVILÄINEN M, et al. Process for producing microfibrillated cellulose: U.S. Patent Application 13/382,706 ［P］. 2010–7–2.

［10］ HASANI M, CRANSTON E D, WESTMAN G, et al. Cationic surface functionalization of cellulose nanocrystals ［J］. Soft Matter, 2008, 4(11): 2238–2244.

［11］ SEGAL L, CREELY J J, MARTIN Jr A E, et al. An empirical method for estimating the degree of crystallinity of native cellulose using the X–ray diffractometer ［J］. Textile Research Journal, 1959, 29(10): 786–794.

［12］ BONDESON D, MATHEW A, OKSMAN K. Optimization of the isolation of nanocrystals from microcrystalline cellulose by acid hydrolysis ［J］. Cellulose, 2006, 13(2): 171–180.

［13］ RÅNBY B G. Fibrous macromolecular systems. Cellulose and muscle. The colloidal properties of cellulose micelles ［J］. Discussions of the Faraday Society, 1951(11): 158–164.

［14］ NGU T A, LI Z. Phosphotungstic acid–functionalized magnetic nanoparticles as an efficient and recyclable catalyst for the one–pot production of biodiesel from grease via esterification and transesterification ［J］. Green Chemistry, 2014, 16(3): 1202–1210.

［15］ LIU Y, WANG H, YU G, et al. A novel approach for the preparation of nanocrystalline cellulose by using phosphotungstic acid ［J］. Carbohydrate Polymers, 2014, 110: 415–422.

［16］ BALÁŽ P. Mechanochemistry in nanoscience and minerals engineering ［M］. Heidelberg:Springer–Verlag, 2008: 257–296.

［17］ BEYER M K, Clausen–Schaumann H. Mechanochemistry: the mechanical activation of covalent bonds ［J］. Chemical Reviews, 2005, 105(8): 2921–2948.

［18］ LIN N, HUANG J, CHANG P R, et al. Preparation, modification, and application of starch nanocrystals in nanomaterials: a review ［J］. Journal of Nanomaterials, 2011:1–13.

［19］ BOLDYREV V V, TKÁČOVÁ K. Mechanochemistry of solids: past, present, and prospects ［J］. Journal of Materials Synthesis and Processing, 2000, 8(3): 121–132.

［20］ ABE K, YANO H. Comparison of the characteristics of cellulose microfibril aggregates isolated from fiber and parenchyma cells of moso bamboo (phyllostachys pubescens) ［J］. Cellulose, 2010, 17(2): 271–277.

［21］ LIU Y, WANG H, YU G, et al. A novel approach for the preparation of nanocrystalline cellulose by using phosphotungstic acid ［J］. Carbohydrate Polymers, 2014(110): 415–422.

［22］ LU Q, CAI Z, LIN F, et al. Extraction of cellulose nanocrystals with a high yield of 88% by simultaneous mechanochemical activation and phosphotungstic acid hydrolysis ［J］. ACS Sustainable Chemistry & Engineering, 2016, 4(4): 2165–2172.

［23］ ABRAHAM E, THOMAS M S, JOHN C, et al. Green nanocomposites of natural rubber/nanocellulose: membrane transport, rheological and thermal degradation characterisations ［J］. Industrial Crops and

Products, 2013, 51: 415-424.

[24] TANG H, BUTCHOSA N, ZHOU Q. A transparent, hazy, and strong macroscopic ribbon of oriented cellulose nanofibrils bearing poly (ethylene glycol) [J]. Advanced Materials, 2015, 27(12): 2070-2076.

[25] ZAFEIROPOULOS N E, DIJON G G, BAILLIE C A. A study of the effect of surface treatments on the tensile strength of flax fibres: part I. application of gaussian statistics [J]. Composites Part A: Applied Science and Manufacturing, 2007, 38(2): 621-628.

[26] CHERIAN B M, POTHAN L A, NGUYEN-CHUNG T, et al. A novel method for the synthesis of cellulose nanofibril whiskers from banana fibers and characterization [J]. Journal of Agricultural and Food Chemistry, 2008, 56(14): 5617-5627.

[27] 黄彪, 卢麒麟, 唐丽荣. 纳米纤维素的制备及应用研究进展[J]. 林业工程学报, 2016, 1(5): 1-9.

[28] 周素坤, 毛健贞, 许凤. 微纤化纤维素的制备及应用[J]. 化学进展, 2014, 26(10): 1752-1762.

[29] ABIDI N, CABRALES L, HAIGLER C H. Changes in the cell wall and cellulose content of developing cotton fibers investigated by FTIR spectroscopy [J]. Carbohydrate Polymers, 2014(100): 9-16.

[30] RAMBABU N, PANTHAPULAKKAL S, SAIN M, et al. Production of nanocellulose fibers from pinecone biomass: evaluation and optimization of chemical and mechanical treatment conditions on mechanical properties of nanocellulose films [J]. Industrial Crops and Products, 2016(83): 746-754.

[31] 侯成敏, 陈文宁, 陈玉放, 等. 糖类结构的光谱分析的特点[J]. 天然产物研究与开发, 2012, 24(4): 556-561.

[32] HEINZE T, LIEBERT T, KOSCHELLA A. Esterification of polysaccharides [M]. Heidel berg, Berlin; Springer Science & Business Media, 2006.

[33] Kono H, Yunoki S, Shikano T, et al. CP/MAS ^{13}C NMR study of cellulose and cellulose derivatives. 1. Complete assignment of the CP/MAS ^{13}C NMR spectrum of the native cellulose [J]. Journal of the American Chemical Society, 2002, 124(25): 7506-7511.

[34] IBRAHIM M M, EL-ZAWAWY W K, NASSAR M A. Synthesis and characterization of polyvinyl alcohol/nanospherical cellulose particle films [J]. Carbohydrate Polymers, 2010, 79(3): 694-699.

[35] LIN N, HUANG J, CHANG P R, et al. Surface acetylation of cellulose nanocrystal and its reinforcing function in poly (lactic acid) [J]. Carbohydrate Polymers, 2011, 83(4): 1834-1842.

[36] SPINELLA S, MAIORANA A, QIAN Q, et al. Concurrent cellulose hydrolysis and esterification to prepare a surface-modified cellulose nanocrystal decorated with carboxylic acid moieties [J]. ACS Sustainable Chemistry & Engineering, 2016, 4(3): 1538-1550.

[37] DEEPA B, ABRAHAM E, CORDEIRO N, et al. Utilization of various lignocellulosic biomass for the production of nanocellulose: a comparative study [J]. Cellulose, 2015, 22(2): 1075-1090.

[38] OUN A A, RHIM J W. Characterization of nanocelluloses isolated from Ushar (Calotropis procera) seed fiber: effect of isolation method [J]. Materials Letters, 2016(168): 146-150.

［39］LIN N, DUFRESNE A. Physical and/or chemical compatibilization of extruded cellulose nanocrystal reinforced polystyrene nanocomposites ［J］. Macromolecules, 2013, 46(14): 5570–5583.

［40］RAMÍREZ J A Á, FORTUNATI E, KENNY J M, et al. Simple citric acid–catalyzed surface esterification of cellulose nanocrystals ［J］. Carbohydrate Polymers, 2017(157): 1358–1364.

第五章

纳米纤维素功能材料

第一节 纳米纤维素超分子复合膜

超分子化学被称为"超越分子概念的化学",其研究以非共价相互作用结合起来的复杂有序且有特定性质的分子聚集体,是基于非共价键的化学[1,2]。氢键被称为"超分子化学中的万能作用",在非共价键作用中,氢键具有较高的强度、高度取向性及动态可逆性,广泛用于超分子体系的合成[3,4]。单个氢键的强度较弱,但多个氢键之间通过协同作用能够形成强度相当于共价键的结合能,从而组装成具有特殊结构的超分子体系。

Meijer等[5,6]在1998年首次合成了脲基嘧啶酮(UPy)单体,利用—UPy之间能够形成四重氢键结合的性质,通过分子自组装构建了基于四重氢键作用的超分子体系,其不但具有弹性、流变性能及能形成凝胶等传统高分子聚合物的性质,而且还具有温度依赖性及可逆性等特性。脲基嘧啶酮体系合成简单、键合能力强,广泛用于超分子聚合物的构筑。

纳米纤维素作为一种天然高分子,具有高结晶度、高强度、高比表面积等优异的理化性质,以及良好的生物相容性和可降解性,所以纳米纤维素可作为增强相应用于复合材料以提高材料的力学性能。但由于纳米纤维素多羟基的性质,羟基之间容易形成氢键结合导致纳米纤维素很容易产生团聚现象,降低了其在基质中的分散性,影响复合材料性能的提高。因此利用纳米纤维素多羟基的性质,采用基于多重氢键作用的超分子对其进行化学修饰,引入活性功能基团,通过这些功能基团之间的相互作用,以及功能基团与基质之间的相互作用,可以减少纳米纤维素自身的团聚,提高纳米纤维素与基质之间的界面相容性,创制出具有优异性能的纳米纤维素功能材料。将纤维素化学与超分子化学,尤其是基于氢键作用的超分子聚合物结合起来,有望实现纤维素高分子的智能化、器件化,具有较好的理论与现实意义。

本节首先利用己二异氰酸酯对2-氨基-4-羟基-6-甲基嘧啶进行化学修饰，得到端基含有—NCO基团的脲基嘧啶酮类化合物UPy-NCO，然后采用UPy-NCO对纳米纤维素进行表面化学修饰，在纳米纤维素表面引入—UPy基团。基于—UPy基团之间可以形成较强氢键结合作用的性质，根据氢键作用及超分子化学理论，构筑具有良好力学性能的超分子复合膜，该超分子复合膜通过分子间及分子内氢键作用形成超分子结构体系。同时对超分子复合膜的结构及微观形貌、热稳定性、力学性质等性能进行分析表征，揭示其形成机制，为探索纳米纤维素的定向设计与剪裁，选择性构筑纳米纤维素功能材料提供思路。

一、超分子复合膜的构建

（一）CNC-UPy的制备

取0.1mol 2-氨基-4-羟基-6-甲基嘧啶，0.6mol己二异氰酸酯于250mL容量的三口圆底烧瓶中，通入N_2作为保护气，置于恒温加热磁力搅拌器中100℃冷凝回流，搅拌反应16h。反应结束后加入正戊烷，有白色沉淀析出，用正戊烷进行多次洗涤、过滤、收集，沉淀物于真空干燥箱中50℃真空干燥得到白色粉末，即为UPy-NCO。称取1g纳米纤维素，以DMF进行溶剂置换，去除溶剂中的水分后置于250mL容量的三口圆底烧瓶中，加入2g制备的UPy-NCO于纳米纤维素的DMF溶液中，N_2氛围中于120℃下冷凝回流，搅拌反应14h，以二月桂酸二丁基锡（DBTDL）作为催化剂，反应结束后，用去离子水以9000r/min的转速离心洗涤数次，去除上清液，收集得到改性纳米纤维素，即为CNC-UPy。CNC-UPy制备过程如图5-1所示。

（二）超分子复合膜的构筑

称取6g聚乙烯醇，加入到100mL去离子水中，100℃冷凝回流1.5h使聚乙烯醇完全溶解。分别称取0.5g、1g、2g、3g、5g的CNC-UPy，并将其加入到聚乙烯醇溶液中，100℃冷凝回流并搅拌反应2h，混合液超声分散1h后，置于聚四氟乙烯培养皿中浇筑成型。真空干燥箱中于50℃下真空干燥24h去除溶剂，获得超分子复合膜分别标记为CU-0.5/PVA、CU-1/PVA、CU-2/PVA、CU-3/PVA、CU-5/PVA，CNC-UPy的制备及超分子复合膜构筑过程的实验流程如图5-2所示，超分子膜的形成过程如图5-3所示。

二、性能表征

采用场发射扫描电子显微镜（FESEM）、场发射透射电子显微镜（FETEM）和原子力显微镜（AFM）对纳米纤维素及UPy修饰的纳米纤维素的表面形貌和尺寸进行分析表征。

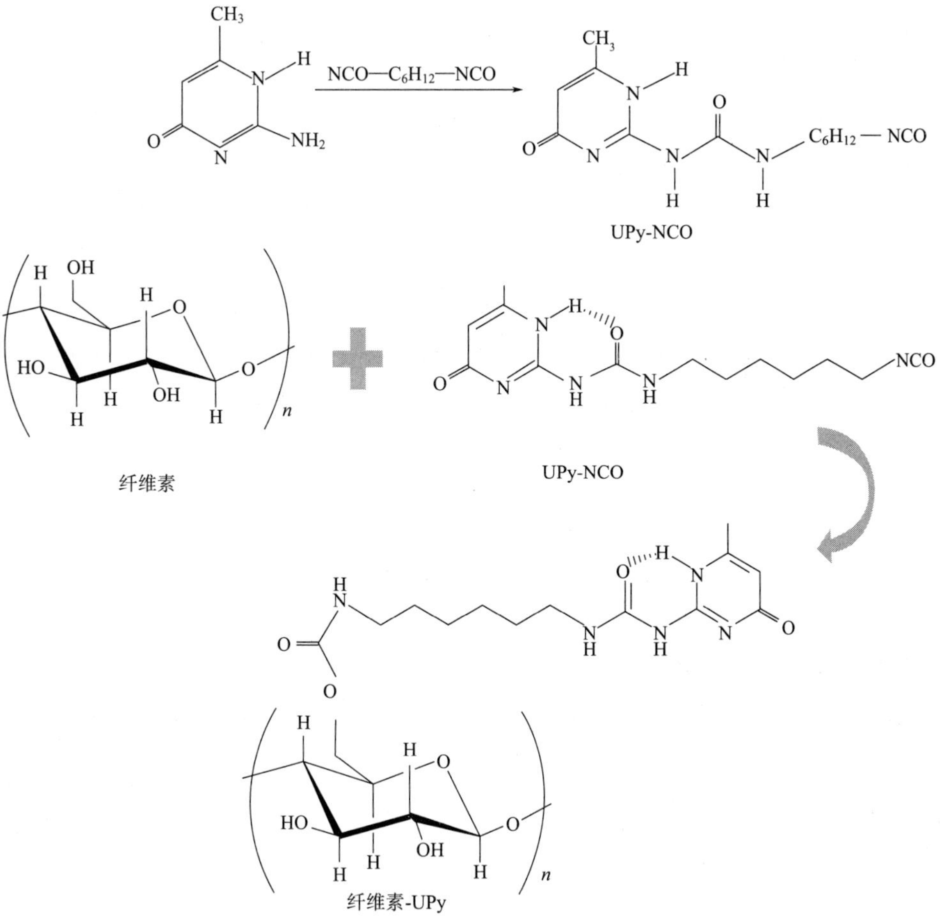

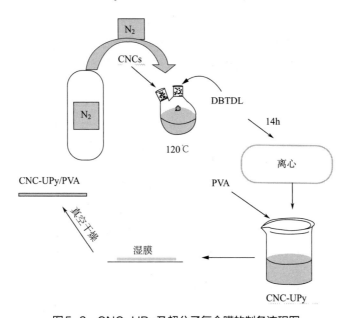

图5-1 UPy-NCO改性纳米纤维素的反应示意图

图5-2 CNC-UPy及超分子复合膜的制备流程图

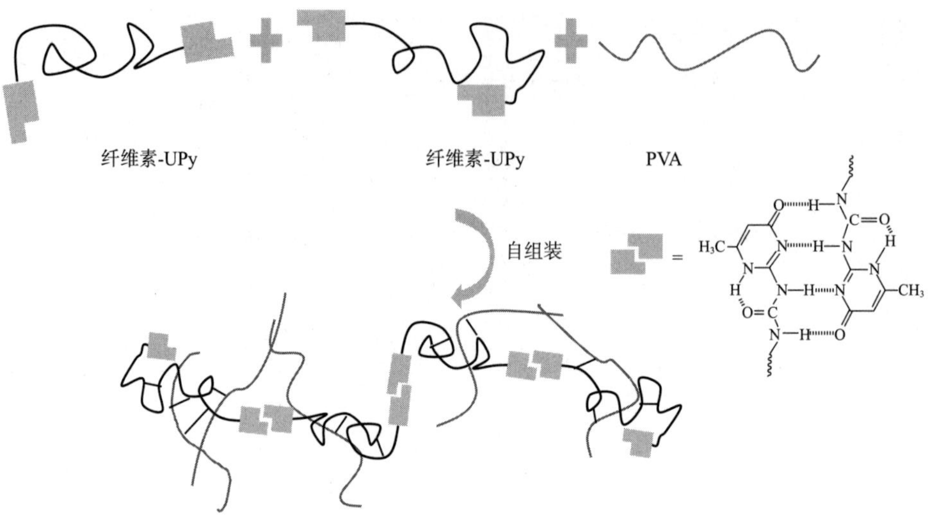

图5-3　CNC-UPy构筑超分子复合膜的形成过程

采用固体 ^{13}C CP-MAS NMR对改性纳米纤维素的表面化学结构进行表征。采用傅里叶变换红外光谱仪（FTIR）对改性前后纳米纤维素样品的表面官能团和化学结构的变化进行分析表征。采用紫外—可见分光光度计测定CNCs、CNC-UPy及UPy-NCO溶液在200~400nm波长范围内吸光度值的变化，确定其取代度；同时采用元素分析仪检测改性前后纳米纤维素样品中碳、氢、氧、氮元素的含量，分析纳米纤维素的表面化学结构变化。采用X射线粉末衍射仪分析纳米纤维素样品的晶体结构。采用X射线衍射分析PVA基质中加入CNC-UPy后形成的超分子复合膜的晶体结构的变化，采用Zeta电位测定仪对改性前后纳米纤维素样品的表面电荷变化情况进行分析。采用重量法测试超分子复合膜在去离子水中的溶胀性能。采用紫外—可见分光光度计测试超分子复合膜的透光率。采用万能实验机对超分子复合膜的力学性能进行测试。采用热分析仪表征超分子膜试样的热稳定性。

（一）形貌分析

图5-4（a）、图5-4（b）分别为冷冻干燥后的纳米纤维素及UPy改性纳米纤维素的SEM谱图。从SEM谱图中可以看出，纳米纤维素呈棒状，直径为50nm左右，长度几百纳米，长径比较高，由于纳米纤维素表面大量羟基的存在，干燥过程中纳米纤维素及其聚集体相互交织成网状缠结结构[7]。经过UPy-NCO改性后，纳米纤维素呈长棒状，纤维表面变得粗糙，尺寸明显增加，由于改性纳米纤维素表面—UPy基团之间较强的氢键作用，干燥过程中纳米纤维素多以聚集体的形式定向排列，这使其能够为复合材料提供更好的增强作用。

图5-5（a）、图5-5（b）分别为纳米纤维素及UPy改性纳米纤维素悬浮液的TEM谱图。从图中可以更为清晰地看出，纳米纤维素呈短棒状，单根纳米纤维素的直径为25~50nm，

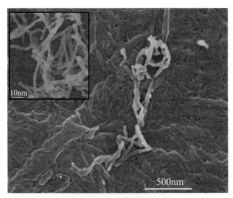 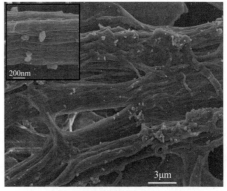

（a）纳米纤维素的SEM谱图　　　　　　　　（b）UPy改性纳米纤维素的SEM谱图

图5-4　纳米纤维素与UPy改性纳米纤维素的SEM谱图

长度为200～300nm，纤维之间交错分布形成网状结构，由于羟基之间的氢键作用，部分纳米纤维素之间产生团聚现象。UPy改性纳米纤维素呈长棒状，纤维之间相互聚集呈定向排列，以定向聚集体的形式存在，很难观察到单根纳米纤维素的分布。这主要是因为改性纳米纤维素表面的—UPy基团之间比较容易形成较强的四重氢键结合，因为氢键高度的取向性，导致改性纳米纤维素形成定向排列的聚集体[8,9]。

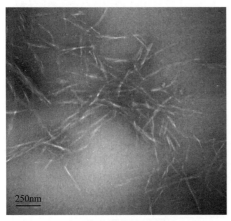 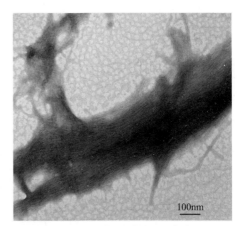

（a）纳米纤维素的TEM谱图　　　　　　　　（b）UPy改性纳米纤维素的TEM谱图

图5-5　纳米纤维素与UPy改性纳米纤维素的TEM谱图

图5-6为纳米纤维素及UPy改性纳米纤维素的AFM谱图。AFM谱图能够更为清晰地反映样品的微观形貌。从图中可以看出，纳米纤维素呈棒状，长度为300～400nm，直径为30～70nm，这与TEM的观察结果相符。纳米纤维素之间交错分布形成网络状，可以观察到团聚现象的存在，这主要是由纳米纤维素之间形成了较强的氢键作用导致的。从AFM谱图中可以看到，CNC-UPy相互之间形成簇状聚集体，呈现出定向排列的形貌。这可能是因为CNC-UPy表面的—UPy基团之间比较容易形成强烈的四重氢键结合，因为四重氢键具有较高的结合常数和高度的取向性，诱导CNC-UPy相互聚集形成定向排列的聚集体[10]。

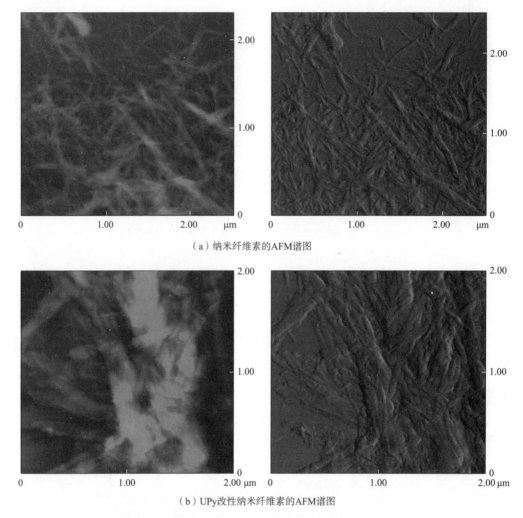

（a）纳米纤维素的AFM谱图

（b）UPy改性纳米纤维素的AFM谱图

图5-6　纳米纤维素及UPy改性纳米纤维素的AFM谱图

图5-7（a）、图5-7（b）、图5-7（c）分别为纯PVA膜、超分子复合膜（CNC-UPy含量5%）及CNCs/PVA复合膜（CNCs含量5%）表面形貌的SEM谱图。从图中可以看出，纯PVA膜表面均一、平整，随着CNC-UPy及CNCs的加入，超分子复合膜及CNCs/PVA复合膜的表面平整度变差。超分子复合膜中CNC-UPy在PVA基质中均匀分散，并未出现团聚现象，CNC-UPy与PVA基质具有良好的界面相容性。而CNCs/PVA复合膜中CNCs出现团聚现象，CNCs颗粒聚集在一起形成较大的颗粒，复合膜的表面更为粗糙，CNCs与PVA基质的界面相容性下降。

图5-8（a）、图5-8（b）、图5-8（c）分别为纯PVA膜、超分子复合膜（CNC-UPy含量5%）及CNCs/PVA复合膜（CNCs含量5%）断面形貌的SEM谱图。从图中可以看出，纯PVA膜的断面平整、光滑，致密无孔；超分子复合膜中CNC-UPy颗粒均匀分散，CNC-UPy与PVA的界面处没有裂缝或孔洞出现，说明两者的界面相容性较好，超分子复合膜形成了

（a）PVA膜表面的SEM谱图

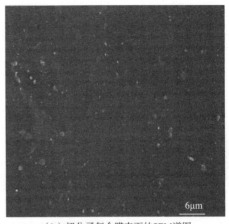

（b）超分子复合膜表面的SEM谱图

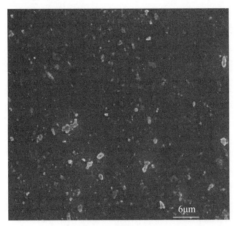

（c）CNCs/PVA复合膜表面的SEM谱图

图5-7　PVA膜、超分子复合膜、CNCs/PVA复合膜表面的SEM谱图

均一、致密的结构。CNCs/PVA复合膜的断面处出现较大的孔洞和裂痕，说明CNCs含量较高时由于CNCs自团聚的产生，导致CNCs与PVA基质间的相互作用减弱，两者之间的界面相容性较差。纳米纤维素用于复合材料增强时，其在基质中的分散性是影响复合材料强度的主要因素，由SEM分析可知，CNCs经过UPy改性后颗粒间的自团聚作用减弱，提高了其在基质中的分散性，这有利于复合材料力学性能的增强。

（二）固体^{13}C CP-MAS NMR分析

图5-9为纳米纤维素及UPy改性纳米纤维素的CP/MAS ^{13}C核磁共振图谱。从图中可以看到，纳米纤维素在化学位移104.4、88.3、74.8及65处出现典型的特征吸收峰，分别对应于纤维素的C_1、C_4、$C_{2,3,5}$及C_6的共振吸收峰[11, 12]。与CNCs的^{13}C NMR图谱相比，CNC-UPy的图谱中出现CNCs的特征吸收峰，说明CNCs经过UPy-NCO改性后仍保留纤维素的基本骨架。CNC-UPy在化学位移174.3和15-45范围内出现新的共振吸收峰，即18.6、

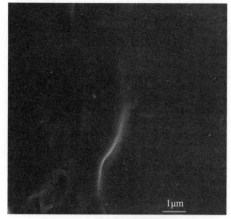
（a）PVA膜断面的SEM谱图

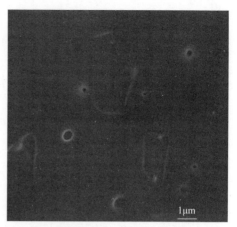
（b）超分子复合膜断面的SEM谱图

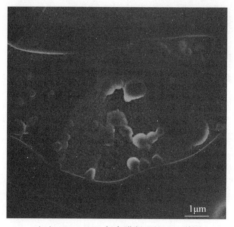
（c）CNCs/PVA复合膜断面的SEM谱图

图5-8　PVA膜、超分子复合膜、CNCs/PVA复合膜断面的SEM谱图

20.9、30、41.5，分别归属于羰基及—UPy基团分子链上亚甲基的化学位移，而且在化学位移88.3及65处呈现出明显的分辨损失，说明纤维素与UPy—NCO之间形成了共价键结合[13]，—UPy基团成功地接枝到纳米纤维素表面。

（三）红外光谱分析（FTIR）

图5-10为CNCs、UPy—NCO及CNC—UPy的红外光谱图。3349cm⁻¹附近较强的吸收峰，属于羟基的O—H伸缩振动吸收，2902cm⁻¹处的吸收峰对应于C—H伸缩振动吸收，1430cm⁻¹属于纤维素的饱和C—H弯曲振动吸收峰。1160cm⁻¹和1110cm⁻¹处的吸收峰分别对应于纤维素的C—C骨架伸缩振动和葡萄糖环的伸缩振动吸收[14, 15]。1059cm⁻¹对应于纤维素醇的C—O伸缩振动，898cm⁻¹处的吸收峰为纤维素分子中脱水葡萄糖单元间β-糖苷键的特征峰，是异头碳（C_1）的振动吸收[16]。CNC—UPy的FTIR谱图中均含有纤维素的这些特征峰，表明UPy改性后的纳米纤维素仍然保留着天然纤维素的基本结构。从图中可以看

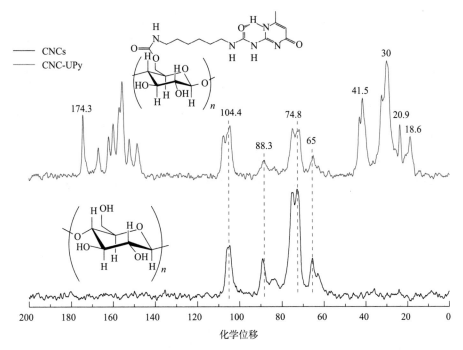

图5-9　纳米纤维素及UPy改性纳米纤维的CP/MAS ^{13}C核磁共振图谱

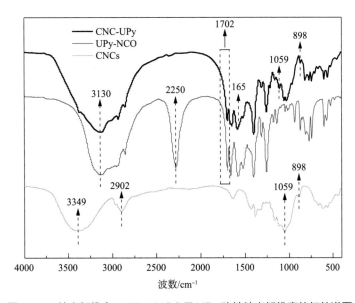

图5-10　纳米纤维素、UPy-NCO及UPy改性纳米纤维素的红外谱图

出，UPy-NCO在2250cm^{-1}处具有很强的吸收峰，属于—NCO基团的特征峰[17]，而在CNC-UPy的谱图中该峰消失，而且相较于CNCs，CNC-UPy在1702cm^{-1}出现新的吸收峰，说明UPy-NCO与纳米纤维素中的—OH发生了化学反应，形成了氨酯键（—OOCNH—）[18]。CNC-UPy在1702cm^{-1}处的吸收峰对应于—OOCNH—中羰基（—C=O）的吸收峰[19]，而

且相较于CNCs，CNC-UPy在1665cm^{-1}和1524cm^{-1}处出现新的吸收峰，分别对应于—UPy基团中脲羰基（—NOCN—）的吸收峰和—OOCNH—中亚氨基的N—H对称伸缩振动[20]。红外光谱分析结果表明UPy-NCO与纳米纤维素发生了化学反应，导致—UPy基团成功地接枝到了纳米纤维素上。

（四）取代度（DS）测定

图5-11是UPy-NCO溶液在波长282nm时的吸光度随浓度变化的曲线，由此得出其吸光度与浓度之间的对应关系，如式（5-1）所示。

$$y=28.094x+0.1335 \tag{5-1}$$

式中：y——UPy-NCO溶液于282 nm处的吸光度值；

　　　x——UPy-NCO的溶液浓度，mg/mL。

紫外测试过程中可以观察到CNC-UPy溶液在波长282nm处有最大吸收峰，而相同浓度的CNCs溶液在282nm处的吸收峰消失，说明282nm处是—UPy基团的紫外吸收波长。分别测定浓度为0.125mg/mL的CNC-UPy、UPy-NCO及CNCs在282nm处的吸光度，计算出CNC-UPy中—UPy基团的含量，从而得出CNC-UPy的取代度为17.38%。表5-1是CNCs及CNC-UPy的元素分析结果。从表中可以看出，纳米纤维素分子中不含N元素，而经过UPy-NCO改性后得到的CNC-UPy分子中N元素的含量达到了13.96%，而且由于—UPy基团上含有较长的碳链，所以CNC-UPy结构中C元素及H元素的含量增加。CNC-UPy的取代度测定及元素分析结果表明纳米纤维素经过UPy-NCO修饰后成功地接枝上了—UPy基团。

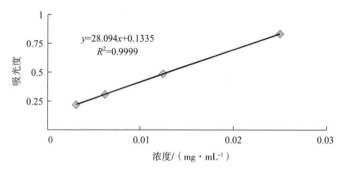

图5-11　UPy-NCO的吸光度随浓度的变化曲线

表5-1　纳米纤维素及UPy改性纳米纤维素的元素分析结果

样品	W_C/%	W_H/%	W_N/%	W_O/%
CNCs	41.29	6.88	0	51.83
CNC-UPy	47.89	7.59	13.96	30.56

（五）X射线衍射分析（XRD）

图5-12为CNCs和CNC-UPy的X射线衍射图谱。从图中可以看出，CNCs与CNC-UPy均在$2\theta=15°$、$16.5°$、$22.7°$、$35°$处出现较强的衍射峰，分别对应于纤维素的（101）、（10$\bar{1}$）、（200）及（004）晶面，CNC-UPy中X射线衍射峰的位置并没有发生改变，说明在纳米纤维素的UPy改性过程中纤维素的晶体结构并未发生改变，仍为纤维素 I 型[21]。与纳米纤维素相比，UPy改性后的纳米纤维素在$2\theta=22.7°$处的衍射峰强度明显下降，结晶度由79.6%下降到39.2%，说明在纳米纤维素的改性过程中，由于引入了空间位阻较大的—UPy基团，导致纳米纤维素排列规整的分子结构被破坏，分子间紧密结合的氢键作用被削弱，纳米纤维素的结晶性受到破坏，导致结晶度下降。

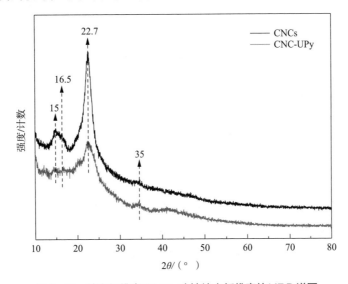

图5-12　纳米纤维素及UPy改性纳米纤维素的XRD谱图

图5-13为不同CNC-UPy含量的超分子复合膜的X射线衍射图谱。从图中可以看出，单纯的PVA膜试样在$2\theta=19.6°$处有较强的衍射峰，这是PVA分子链之间通过分子间氢键作用形成较强的相互作用导致的[22]。随着CNC-UPy的加入，超分子复合膜的XRD谱图中，在$2\theta=22.7°$处出现了纤维素（002）晶面的特征衍射峰，峰强度随着CNC-UPy含量的增加逐渐增强。PVA的特征衍射峰位置并未发生改变，说明CNC-UPy的加入并未改变PVA基质的晶体结构，超分子复合膜中CNC-UPy与PVA之间并未发生共价键结合，而是通过分子间氢键作用结合在一起[23]。CNC-UPy的加入量为5%时，PVA的结晶度由22%下降到20%，说明CNC-UPy的加入影响了PVA分子链之间原有的规整排列，CNC-UPy分子链上的羰基及亚氨基与PVA分子中的羟基形成了分子间氢键作用，同时结合PVA分子自身分子内及分子间的氢键作用形成了超分子复合膜。

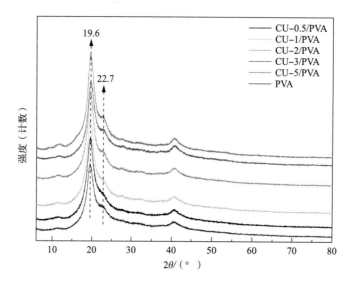

图5-13 不同CNC-UPy含量的超分子复合膜的XRD谱图

（六）表面电荷分析

纳米纤维素分子中有羟基、糖醛酸基等基团，其在水介质中表面电荷显电负性。Zeta电位测试结果显示，纳米纤维素的Zeta电位值为（−26.8±0.5）mV，经过UPy−NCO修饰后得到的CNC−UPy的Zeta电位值为（−28.5±0.3）mV，说明纳米纤维素接枝—UPy基团后其在水介质中的分散稳定性有所增强，因为Zeta电位绝对值越低，意味着颗粒之间的静电排斥作用越弱，粒子在分散介质中的稳定性也就越差[24]。CNC−UPy的Zeta电位绝对值超过了25mV，说明其分散在水介质中不容易产生沉淀或絮凝现象[25]。

（七）超分子复合膜溶胀性能的测定

室温下将初始干重为W_f的超分子复合膜浸渍于去离子水中一定时间，用滤纸拭去其表面残留的水分后称重，质量记为W_t，直至膜的质量恒定，此时超分子复合膜达到溶胀平衡，质量记为W_e。超分子复合膜的溶胀率（SR）及平衡溶胀率（SR_e）按照式（5-2）及式（5-3）计算。

$$SR = \frac{(W_t - W_f)}{W_f} \times 100\% \qquad (5-2)$$

$$SR_e = \frac{(W_e - W_f)}{W_f} \times 100\% \qquad (5-3)$$

SR及SR_e均为三次测量结果的平均值。

将干燥后的超分子复合膜裁剪为20mm×20mm的尺寸，室温下去离子水中浸渍24h后取出测量其边长。溶胀比（S）的计算按照式（5-4）进行。

$$S = \frac{L_1}{L_0} \times 100\% \qquad (5-4)$$

式中：L_1——吸水后超分子复合膜的边长，mm；

L_0——吸水前膜的边长，mm；

S——三次测量结果的平均值。

超分子复合膜的溶胀性能对其作为生物可降解膜的应用具有重要影响。图5-14为不同CNC-UPy含量的超分子复合膜在去离子水中的溶胀曲线；图5-15为CNC-UPy/PVA及CNCs/PVA复合膜的平衡溶胀率随纤维素含量的变化曲线。从图5-14可以看出，超分子复合膜在溶胀时间30min内吸水速率迅速增加，而后吸水速率下降直至溶胀时间为60min左右时达到溶胀平衡。从图5-15可知，随着CNC-UPy含量的增加，超分子复合膜的平衡溶胀率逐渐减小，因为纳米纤维素经过UPy-NCO修饰后，分子链上的部分羟基与UPy-NCO发生反应，表面羟基的数量减少，减少了纳米纤维素之间由于表面大量羟基的存在而容易产生的团聚现象，提高了CNC-UPy在PVA基质中的分散性，导致CNC-UPy分子中的酰胺基及未参与反应的羟基与PVA分子中的羟基形成了多重氢键结合，而且—UPy基团之间容易形成四重氢键的结合，使CNC-UPy与PVA之间的界面结合力显著增强，超分子复合膜的内部结构更为紧密，阻碍了水分子的渗入，降低了超分子复合膜的平衡溶胀率。而对于CNCs/PVA复合膜，其平衡溶胀率随CNCs含量的变化趋势与超分子复合膜有着明显的不同。CNCs的含量低于1%时，复合膜的平衡溶胀率随着CNCs含量的增加逐渐减小；CNCs的含量超过1%时，复合膜的平衡溶胀率逐渐增加，CNCs含量达到5%时，复合膜的平衡溶胀率甚至超过了纯PVA膜的平衡溶胀率。产生这一现象的主要原因在于CNCs表面含有的羟基能够与PVA分子链上的羟基形成氢键作用，导致两者的界面之间形成较为强烈的结合作用，而且CNCs的刚性要强于PVA分子链，从而抑制了水分子的扩散，降低了复合膜的平衡溶胀率[26]。当CNCs的含量较高时，CNCs表面

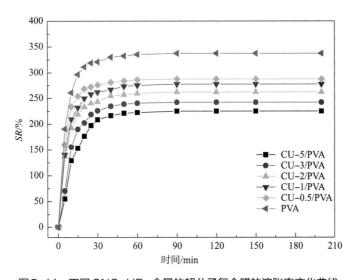

图5-14 不同CNC-UPy含量的超分子复合膜的溶胀率变化曲线

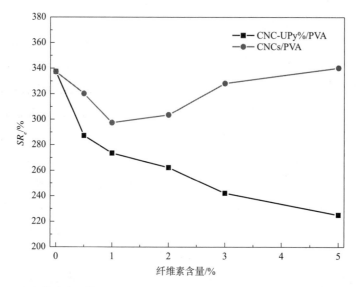

图5-15　不同纤维素含量的CNC-UPy/PVA及CNCs/PVA复合膜平衡溶胀率变化曲线

大量羟基之间容易形成氢键作用，导致CNCs产生团聚，使CNCs在PVA基质中的分散性变差，CNCs与PVA之间的界面相容性减弱，这与CNCs/PVA复合膜的SEM分析结果相符合。而且由于CNCs团聚现象的产生，减小了PVA分子链之间相互结合缠绕的密度，导致复合膜的内部结构更为疏松，从而增加了复合膜的吸水性，使复合膜的平衡溶胀率增加[27]。

图5-16为CNC-UPy/PVA及CNCs/PVA复合膜的溶胀比随纤维素含量的变化曲线。随着CNC-UPy含量的增加，超分子复合膜的溶胀比呈下降趋势；而对于CNCs/PVA复合膜，

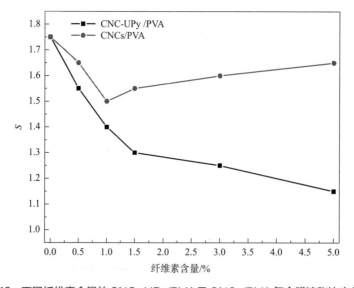

图5-16　不同纤维素含量的CNC-UPy/PVA及CNCs/PVA复合膜溶胀比变化曲线

CNCs含量低于1%时，复合膜的溶胀比随着CNCs含量的增加逐渐减小，CNCs含量超过1%时，复合膜的溶胀比逐渐增大。这一现象与两者的吸水性能相似，由于CNC-UPy在PVA基质中良好的分散稳定性，使其与PVA之间形成了稳定的多重氢键结合，构筑了较为刚性的致密结构，限制了对水分的吸收，使超分子复合膜的溶胀比下降。CNCs/PVA复合膜中CNCs含量较高时，只依靠超声、搅拌等机械作用，以及PVA的乳化作用已不能够促使CNCs在PVA基质中均匀分散，CNCs之间产生了团聚现象，降低了CNCs与PVA之间的界面相容性，导致复合膜的结构更为疏松，复合膜的吸水能力增强，所以当CNCs含量较高时复合膜的溶胀比增大。

（八）超分子复合膜透光率的测定

图5-17为超分子复合膜的透光率随波长的变化曲线。从图中可以看出，在200～275nm波长范围内，超分子复合膜的透光率较小，说明超分子复合膜在该波长范围内具有较强的吸收紫外光的能力；随着波长的增加，超分子复合膜的透光率显著增加。在400～800nm波长范围内，超分子复合膜的透光率明显小于纯PVA膜，说明随着PVA基质中CNC-UPy的加入，超分子复合膜的透光性下降。随着CNC-UPy含量的增加，超分子复合膜的透光率呈下降趋势，而且在200～300nm范围内，透光率下降更为明显，表明CNC-UPy的加入增强了超分子复合膜吸收紫外光的能力。超分子复合膜中CNC-UPy与PVA基质之间通过多重氢键作用紧密结合在一起，CNC-UPy分子链上的—UPy基团之间能够形成较强的四重氢键结合作用，由于氢键的高度取向性，可能会诱导PVA分子链形成一定程度的定向排列，导致超分子复合膜的透光率下降。

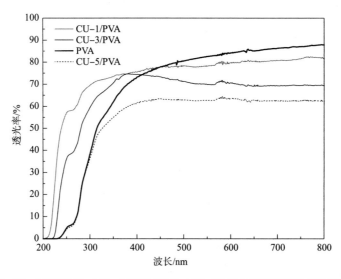

图5-17　不同CNC-UPy含量的CNC-UPy/PVA复合膜透光率的变化曲线

（九）超分子复合膜力学性能的测定

图5-18（a）、图5-18（b）分别为CNC-UPy/PVA及CNCs/PVA复合膜的拉伸强度和断裂伸长率随纤维含量变化的曲线。在超分子复合膜的构筑过程中，CNC-UPy分子链上的羟基及酰胺基团中的羰基和亚氨基能够与PVA分子链上的羟基形成O—H、C═O及N—H氢键结合作用，这两种分子间的相互作用减弱了PVA分子链分子内及分子间的氢键作用，减小了PVA分子链之间相互结合缠绕的密度，提高了CNC-UPy在PVA基质中的分散性。同时，水分子可以作为PVA熔融过程的塑化剂，以及作为CNC-UPy的悬浮介质，避免了CNC-UPy颗粒之间产生过度的团聚，因此，CNC-UPy在CNC-UPy/PVA超分子复合膜中具有良好的分散性。

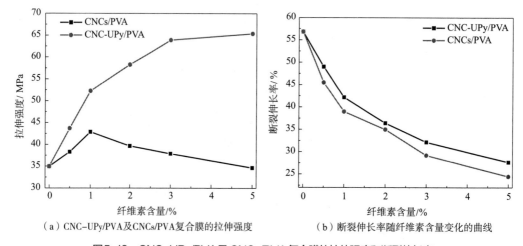

（a）CNC-UPy/PVA及CNCs/PVA复合膜的拉伸强度　　（b）断裂伸长率随纤维素含量变化的曲线

图5-18　CNC-UPy/PVA及CNCs/PVA复合膜的拉伸强度和断裂伸长率

超分子复合膜的拉伸强度σ_b及断裂伸长率ε_b的计算按照式（5-5）及式（5-6）进行。

$$\sigma_b = \frac{F}{A} \tag{5-5}$$

$$\varepsilon_b = \frac{(L-L_0)}{L_0} \times 100\% \tag{5-6}$$

式中：σ_b——度伸强度，MPa；

　　　ε_b——断裂伸长率，%；

　　　F——超分子复合膜断裂时所承受的最大力，N；

　　　A——膜的原始横截面积，mm^2；

　　　L——膜的初始有效长度，mm；

　　　L_0——膜断裂时测量线之间的长度，mm。

超分子复合膜的拉伸强度随着CNC-UPy含量的增加逐渐增大，而断裂伸长率呈下降趋势。当CNC-UPy的含量增加到5%时，超分子复合膜的拉伸强度由34.97MPa增加到

65.35MPa，增加了86.87%；断裂伸长率由56.8%下降到27.6%。PVA属于半晶体聚合物，其晶体结构对超分子复合膜的力学性能也会产生一定的影响，通常结晶度越低拉伸强度越差。超分子复合膜的XRD分析结果显示，随着CNC-UPy含量的增加，PVA的结晶度逐渐降低，但超分子复合膜的拉伸强度却逐渐增大，这主要归因于CNC-UPy在PVA基质中良好的分散性，以及CNC-UPy与PVA之间通过多重氢键作用形成了较强的界面结合力，使PVA所受到的有效负载一部分转移到了具有较高强度的CNC-UPy分子链上，导致超分子复合膜的力学强度显著提高。随着CNC-UPy含量的增加，CNC-UPy分子与PVA分子链之间形成的氢键结合作用增强，界面间结合得更为紧密，而且CNC-UPy具有较强的刚性结构，限制了PVA分子链的流动性，导致形成的超分子复合膜的柔韧性减弱，断裂伸长率下降。

从图5-18（a）可以看出，与超分子复合膜相比，添加相同含量的CNCs时，CNCs/PVA复合膜的拉伸强度明显小于超分子复合膜，而且当CNCs的含量超过1%时，随着CNCs含量的增加，CNCs/PVA复合膜的拉伸强度逐渐下降。这主要是因为与CNCs相比，CNCs与UPy-NCO反应过程中，部分羟基与—NCO基团形成了酰胺基，CNC-UPy分子中羟基的数量减少，减少了CNC-UPy颗粒之间团聚现象的发生，而且CNC-UPy分子链上的—UPy基团之间能够形成四重氢键结合作用，导致超分子复合膜的结构较CNCs/PVA复合膜更为致密，拉伸强度更高。而CNCs/PVA复合膜中，当CNCs含量较高时，CNCs之间因为大量羟基的存在会产生团聚现象，导致CNCs与PVA之间的界面结合力下降，PVA分子链之间紧密结合缠绕的结构变得疏松，使CNCs/PVA复合膜的拉伸强度下降，这与CNCs/PVA的SEM表征结果一致[28]。

（十）热性能分析

图5-19为PVA及超分子复合膜的TG和DTG曲线。各试样的起始热分解温度、最大分解速率温度和质量损失数据，如表5-2所示。从图中可以看出，超分子复合膜的热分解过程分为三个阶段：50～150℃时复合膜的质量损失主要归因于复合膜吸附的水分的蒸发；200～400℃时复合膜的质量损失是PVA分子侧链的热分解造成的；400～600℃时复合膜的质量损失是因为PVA分子主链的热分解及含碳物质的烧失过程（指高温灼烧下物质的失重过程）。纯PVA膜的初始热分解温度为231℃，最大分解速率温度为288℃；随着PVA基质中CNC-UPy含量的增加，所形成的超分子复合膜的初始热分解温度及最大分解速率温度都有所提高，分别达到242℃和332℃。以上测试结果说明，制备的超分子复合膜的热稳定性有所提高。CNC-UPy与PVA分子之间形成多重氢键结合作用，使两者的界面之间产生较强的结合力，而且CNC-UPy具有较强的刚性结构，限制了PVA分子链的运动，导致超分子复合膜形成更为致密的结构，从而提高了热稳定性。超分子复合膜较好的热稳定性为其在耐热性生物复合材料领域的应用提供了可能。

图5-20为CNCs/PVA复合膜的TG和DTG曲线。从表5-2可知，当CNCs含量较低时，

CNCs/PVA复合膜的热稳定性增强，随着CNCs含量的增加复合膜的热稳定性有所下降。主要是由于CNCs含量较低时其在PVA基质中的分散性良好，CNCs与PVA分子之间形成氢键作用两者之间的黏结力较强，复合膜的热稳定性增加；CNCs含量较高时，CNCs产生自团聚现象，CNCs与PVA之间的界面结合力减弱，复合膜的结构更为疏松导致其热稳定性降低[29]。对比超分子复合膜与CNCs/PVA复合膜可以发现，在PVA基质中添加相同含量的纤维素时，超分子复合膜的初始热分解温度及最大分解速率温度都比CNCs/PVA复合膜高，说明CNCs经过UPy改性后构筑的复合膜比CNCs所构筑的复合膜具有更好的热稳定性。

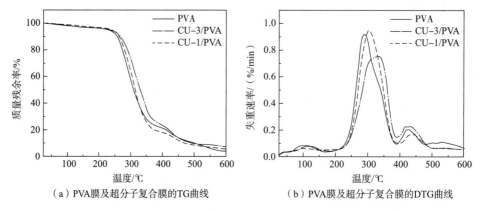

（a）PVA膜及超分子复合膜的TG曲线　　（b）PVA膜及超分子复合膜的DTG曲线

图5-19　PVA膜及超分子复合膜的TG与DTG曲线

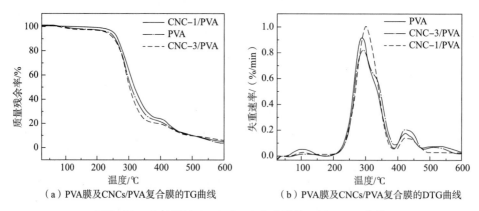

（a）PVA膜及CNCs/PVA复合膜的TG曲线　　（b）PVA膜及CNCs/PVA复合膜的DTG曲线

图5-20　PVA膜及CNCs/PVA复合膜的TG与DTG曲线

表5-2　PVA膜、CNC-UPy/PVA及CNCs/PVA复合膜的起始分解温度、最大分解速率温度及质量残余率

样品	起始分解温度/℃	最大分解速率温度 T_{max}/℃	质量残余率/%
PVA	231	288	3.701
CU-1/PVA	240	302	5.689
CU-3/PVA	242	332	6.946

续表

样品	起始分解温度/℃	最大分解速率温度 T_{max}/℃	质量残余率/%
CNCs–1/PVA	238	300	5.295
CNCs–3/PVA	232	292	6.175

三、本节小结

（1）为解决纳米纤维素用于复合材料的增强过程中容易产生自团聚现象的问题，提高其在基质中的分散性，本节采用端基含有—NCO基团的脲基嘧啶酮UPy–NCO对纳米纤维素进行化学修饰，在纳米纤维素表面引入—UPy基团，并将其与PVA结合构筑了具有较强力学性能的超分子复合膜。

（2）采用FTIR、NMR及元素分析等表征方法对改性纳米纤维素CNC–UPy的表面化学结构进行分析，证实了—UPy基团成功地接枝到了纳米纤维素表面；采用FESEM、FETEM及XRD对CNC–UPy的微观形貌和晶体结构进行分析发现，CNC–UPy在水介质中以定向聚集体的形式存在，其晶体结构并未发生改变仍为纤维素I型，但结晶度下降。

（3）超分子复合膜的FESEM分析、热重分析及力学性能测试结果表明，CNC–UPy在PVA基质中均匀分散，并未产生自团聚现象，CNC–UPy与PVA之间形成了多重氢键结合，导致两者之间的界面相容性显著提高，从而使CNC–UPy/PVA超分子复合膜的热稳定性及拉伸强度较CNCs/PVA复合膜显著增强。

第二节　氯离子响应荧光纳米纤维素凝胶

纤维素链中含有丰富的羟基，为将荧光团结合到纤维素主干上提供了许多反应位点，从而形成了多种纤维素基荧光纳米材料[30, 31]。制备荧光纳米纤维素的策略主要有化学法和物理吸附法。与化学改性相比，物理吸附具有简单、省时、不需要溶剂交换而保持纳米纤维素性质的优点。但由于荧光团的性质和产品的结构稳定性较低，限制了其应用。化学方法的缺点是水解和改性分离过程烦琐，制备过程环境不友好，使用有机溶剂广泛，能耗大。化学方法主要有碳二酰亚胺偶联化学、fisher – speier酯化反应和逐步活化功能化等[32-35]。其中，fisher – speier酯化反应被认为是最简便的方法，改性密度高，分散稳定性好，对纤维素物理结构保持良好，但产品得率低仍是一个主要缺点。通过机械力化学的干预，可以提高荧光纳米纤维素的产率，简化制备过程，降低制备能耗。

柠檬酸和L-半胱氨酸都是参与生物体新陈代谢的小分子物质[36]，它们在高温下通过多次脱水反应产生具有荧光的共轭化合物噻唑罗吡啶羧酸（TPCA），其表现出高量子产率，良好的生物相容性和相对低的成本。高极化、共轭2-吡啶酮结构是TPCA的主要光谱跃迁，从而导致材料具有明亮的荧光[37]。在一定酸度下，TPCA对氯离子的动态猝灭，是由于TPCA结构中氮和羰基的电负性元素在激发时处于内部电荷转移状态，有利于烯醇共振，这种激发态增强了TPCA的跃迁偶极矩，增加了其吸收和发射强度，激发态质子化导致羰基上的SP^3特性增强，导致共轭2-吡啶酮体系的平面性和刚性丧失，引起了平面外振动，使其进入非辐射弛缓通道，这是激活氯化物猝灭过程的关键[38, 39]。目前各种TPCA修饰的荧光材料已被开发用于生物成像[40]、药物传递[39]和化学传感[37]。本节主要阐述在机械力化学作用下，将TPCA接枝到纳米纤维素表面，实现荧光纳米纤维素的高效绿色制备，并探索将其应用于凝胶材料。

一、荧光纳米纤维素

以磷钨酸作为催化剂[41]，在采用机械力化学法将竹浆纤维素制备成E-CNCs的基础上，加入一定浓度半胱氨酸进行反应，一步得到荧光纳米纤维素（F-CNCs），反应过程主要是通过磷钨酸—柠檬酸共同作用使纤维素分子中无定形区降解，进一步催化柠檬酸和半胱氨酸反应的产物TPDCA与纤维素表面C_6位上的伯羟基发生酯化反应生成F-CNCs，反应过程如图5-21所示，反应过程中水是唯一溶剂，可降低对环境的负面影响。该制备方法具有简易可行、绿色环保、酸可回收的优点，为纳米纤维素功能化的制备提供了一条新途径，且荧光基团修饰的纳米纤维素具有良好的生物相容性，使这些改性的纳米纤维素获得了响应性荧光特性，以此为原料制备出的材料在化学传感和紫外线屏蔽、生物传感等领域有良好的应用潜力。

（一）F-CNCs制备

将漂白竹浆纤维经过高速粉碎机粉碎，烘干备用，称取2g竹浆纤维置于玛瑙球磨罐中，加入16g的柠檬酸、2.4g磷钨酸和一定浓度的半胱氨酸溶液40mL，在600r/min的转速下球磨1.5h。球磨结束后将样品转移到烧瓶中恒温反应一定时间，半胱氨酸的浓度取0.5 ~ 1.5mol/L，反应温度取80 ~ 160℃，反应时间取4 ~ 12h。分别观察半胱氨酸浓度、反应温度、反应时间对所制备的荧光纳米纤维素F-CNCs的得率和荧光强度的影响，确定较佳的反应条件。反应结束后，超声分散120min，通过高速离心（9000r/min、10min）去除

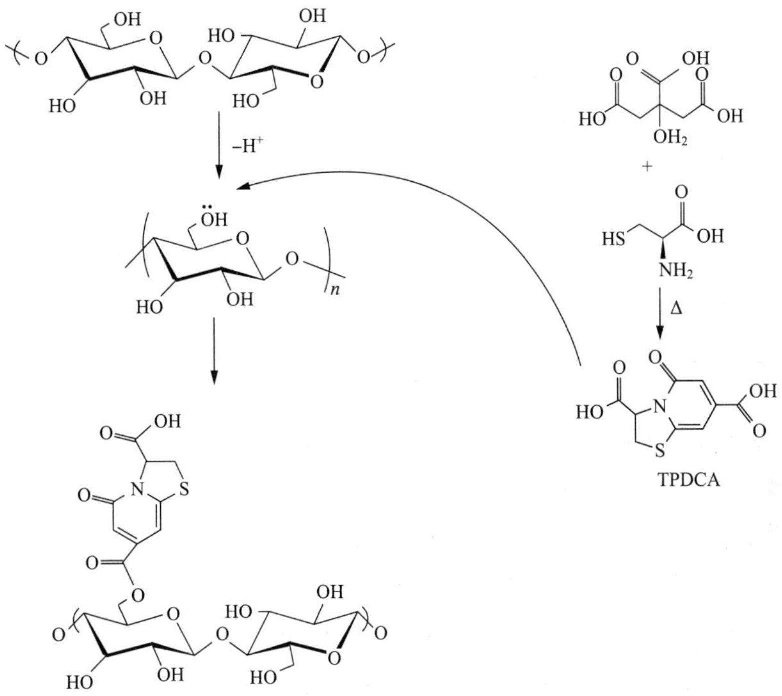

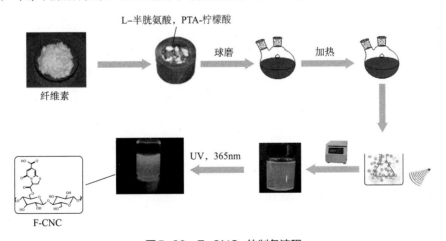

图5-21　F-CNCs酯化反应

柠檬酸、半胱氨酸和水的混合物。直至离心后的液体呈中性，然后用乙醚处理后回收磷钨酸。降低离心速率（5000r/min、5min）收集上层乳白色悬浮液，即得荧光纳米纤维素F-CNCs悬浮液。将该悬浮液透析至水中无荧光（在紫外—可见吸收光谱下无荧光性质特征峰），冷冻干燥后得到F-CNCs粉末，制备流程如图5-22所示。

图5-22　F-CNCs的制备流程

　　F-CNCs均匀分散，测出其总体积，用移液管吸取30mL于称量瓶中，在105℃烘箱中烘干至恒重。F-CNCs的得率Y按照式（5-7）计算：

$$Y = \frac{(m_1 - m_2)V_1}{V_2 m_3} \times 100\% \qquad (5-7)$$

式中：m_1——干燥后样品和称量瓶的总质量，g；

m_2——称量瓶的质量，g；

m_3——竹浆纤维素原料的质量，g；

V_1——F-CNCs悬浮液的总体积，mL；

V_2——称量瓶中F-CNCs悬浮液的体积，mL；此处为30mL。

（二）实验因素分析

1.反应温度对F-CNCs的得率和荧光强度的影响

在磷钨酸—柠檬酸体系下，当球磨时间为2h，半胱氨酸浓度为1mol/L、反应时间为8h，观察反应温度对F-CNCs的得率和荧光强度的影响（图5-23）。由图5-23可知，在80~140℃时，随着反应温度升高，F-CNCs的荧光强度增加，随着温度的升高，有利于酯化反应的正向进行，纤维素与TPDCA接枝率增加；140℃时，F-CNCs的荧光强度达到最大；超过140℃后，随着反应温度升高，F-CNCs的荧光强度降低。这是因为温度过高，增加了其他副反应生成的可能性，从而影响了纤维素的接枝率[42]。随着温度的升高，F-CNCs的得率增加，120℃达到最大值（66.5%）；超过120℃，F-CNCs的得率下降。这可能是由于温度过高纤维素水解程度过高，过度降解生成葡萄糖，从而导致得率下降，生成的F-CNCs减少。

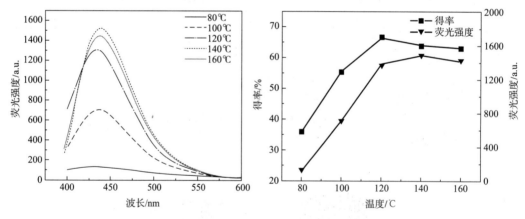

图5-23　反应温度对F-CNCs的得率和荧光强度的影响

2.半胱氨酸浓度对F-CNCs的得率和荧光强度的影响

在磷钨酸—柠檬酸体系下，当反应温度为140℃、反应时间为8h时，观察半胱氨酸浓度对F-CNCs的得率和荧光强度的影响（图5-24）。由图5-24可知，在0.5~1.5mol半胱氨酸的条件下，F-CNCs的得率变化影响不大，表明纤维素的水解跟半胱氨酸的浓度无关。随着半胱氨酸浓度升高，F-CNCs的荧光强度增大，表明当柠檬酸浓度一定时，随着半胱氨酸浓度增加，两者形成的TPDCA增加，其与纤维素接枝率也增加。且当半胱氨酸浓度大于1mol/L时，产物颜色变深，但其荧光强度增加不明显。表明此时半胱氨酸与柠檬酸反应达到一个动态平衡。

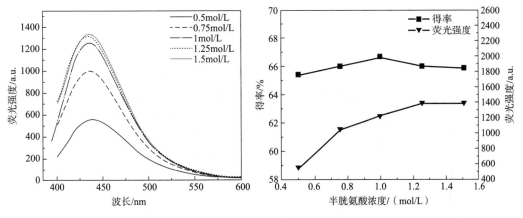

图5-24　半胱氨酸浓度对F-CNCs的得率和荧光强度的影响

3.反应时间对F-CNCs的得率和荧光强度的影响

在磷钨酸—柠檬酸体系下，当半胱氨酸浓度为1mol/L、反应温度为140℃时，观察反应时间对F-CNCs的得率和荧光强度的影响（图5-25）。由图5-25可知，随着温度增加，F-CNCs的得率增加，6h时得率取得最大值（57.4%），超过6h后纤维素的得率下降，这可能是由于在较高温度下反应时间较长，纤维素过度水解产生葡萄糖，从而导致得率下降，且超过8h后所制备的F-CNCs的颜色加深。在4～12h时，随着反应时间的增加，F-CNCs的荧光强度增加，8h时，F-CNCs的荧光强度达到最大；超过8h后，随着反应时间的增加，F-CNCs的荧光强度降低。这是由于反应未达到平衡时，延长反应时间提高了TPDCA的产生率及其与纤维素的接枝率，但随着反应时间的延长，水解和氧化等副反应产生，纤维素的接枝率随之降低。

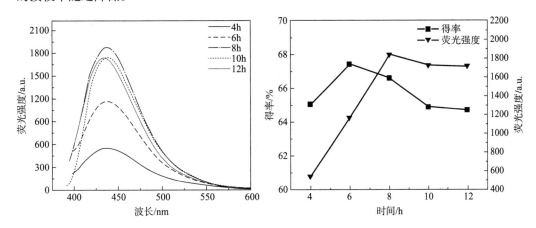

图5-25　反应时间对F-CNCs的得率和荧光强度的影响

（三）性能分析

1. 形貌分析

E-CNCs、F-CNCs的TEM图如图5-26所示。经过机械力化学法及磷钨酸—柠檬酸水解反应后，E-CNCs、F-CNCs主要呈现出棒状，E-CNCs直径为25～50nm，长度为200～400nm。F-CNCs直径为20～40nm，长度为150～300nm。表明机械力化学法能够有效地使竹浆纤维的结构发生变化[43, 44]，导致纤维素分子链断裂而形成纳米纤维素。

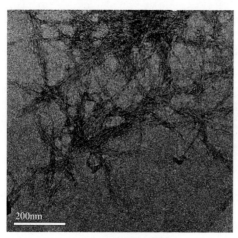

（a）E-CNCs的透射电镜图　　　　　　　（b）F-CNCs的透射电镜图

图5-26　E-CNCs与F-CNCs的透射电镜图

2. 红外光谱分析

图5-27为竹浆纤维素、E-CNCs和F-CNCs的红外光谱图，竹浆纤维素在3400cm^{-1}附近有一较强吸收峰对应为羟基的O—H伸缩振动吸收[45]；2900cm^{-1}附近的吸收峰对应于纤维素结构的中C—H的伸缩与反伸缩振动；在1630cm^{-1}处的吸收峰为纤维素分子中的饱和C—H弯曲振动吸收[46]；在1160cm^{-1}和1110cm^{-1}表现出纤维素C—C骨架伸缩振动和葡萄糖环的伸缩振动；1050cm^{-1}处的特征吸收峰为纤维素醇的C—O伸缩振动[47]；而在895cm^{-1}处的吸收峰为纤维素分子中β-糖苷键的特征峰，为纤维素异头碳（C_1）的振动吸收[16]。对比E-CNCs、F-CNCs的红外光谱，可以看到E-CNCs和F-CNCs除了保持原始竹浆纤维红外谱图中的吸收峰以外，在1725cm^{-1}附近出现了较强的吸收峰，是由于纤维素羧基化C＝O伸缩振动[15]，F-CNCs中为柠檬酸和半胱氨酸的多重脱水产物TPDCA与纤维素之间共轭C＝O伸缩振动，且E-CNCs在2865cm^{-1}附近有亚甲基的伸缩振动[48]。说明纤维素与TPDCA形成了F-CNCs的化学结构，且E-CNCs、F-CNCs保持了与竹浆纤维素相似的FTIR谱图，表明E-CNCs、F-CNCs保持了纤维素的基本骨架结构。

3. 固体核磁（^{13}C-NMR）分析

图5-28为竹浆纤维、E-CNCs和F-CNCs的核磁共振（^{13}C-NMR）图谱。由图5-28可

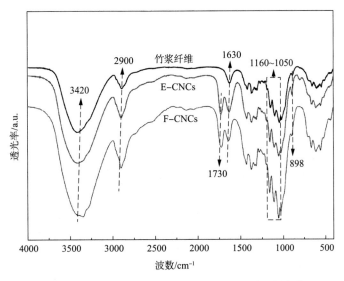

图5-27 竹浆纤维、E-CNCs和F-CNCs的红外光谱图

知，竹浆纤维在化学位移104.3、87.8、74.2及64.8处出现了特征吸收峰，分别对应纤维素的C_1、C_4、$C_{2,3,5}$，以及C_6的共振吸收峰[49]。与竹浆纤维的^{13}C-NMR谱图相比，E-CNCs、F-CNCs的图谱中出现了竹浆纤维素的特征吸收峰，表明E-CNCs、F-CNCs保留了纤维素的基本骨架。且在化学位移43.6、70~75、174.2范围内出现新的共振吸收峰，属于柠檬酸碳原子共振吸收峰[49, 21]，以及F-CNCs在化学位移35.5和165附近出现TPDCA吡啶酮基团

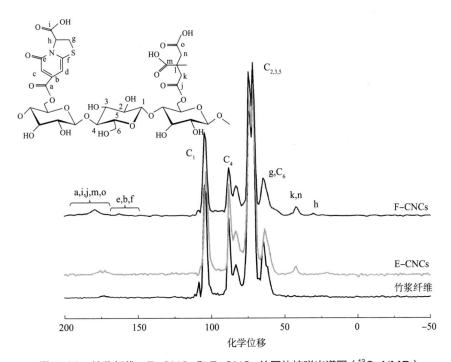

图5-28 竹浆纤维、E-CNCs和F-CNCs的固体核磁光谱图（^{13}C-NMR）

碳原子吸收振动，说明其成功地接枝到纤维素表面。

4.XPS分析

图5-29为竹浆纤维与F-CNCs的XPS宽扫描光谱图。竹浆纤维中的XPS宽扫描光谱中只有碳元素与氧元素，F-CNCs在163eV、227eV、399eV处出现新的特征吸收峰，分别对应于S 2p、S 2s和N 1s。图5-30（a）、图5-30（b）为竹浆纤维和F-CNCs的高分辨率XPS C 1s分峰拟合光谱。竹浆纤维素原料的C1s分为三种结合方式，一种是C—H或C—C电子结合能较低，能谱峰为284.8eV左右；一种是C—OH，由于羟基有极性，电负性大，所以电子结合能也增大，能谱峰为286.6eV左右。另一种是C—O—C，其结构中氧化态高因此电子结合能也较高，能谱峰在288.1eV左右[15]。与竹浆纤维相比，F-CNCs在285.6eV、288.7eV和289.2eV处出现新的特征峰，如图5-30（b）所示，归因于存在C—N键，N—C＝O键和O—C＝O键，也表明TPDCA与纤维素表面成功接枝，这与核磁共振的结果一致。

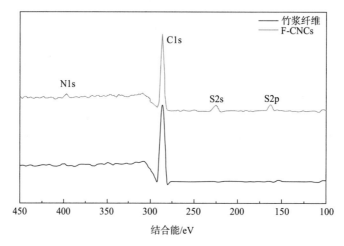

图5-29 竹浆纤维、F-CNCs的XPS宽扫描光谱

5.晶体结构

图5-31为竹浆纤维、E-CNCs和F-CNC的XRD光谱图。可以明显看到CNC和F-CNCs均在2θ为15°、16.5°、22.7°、34.8°处出现较强的衍射峰，对应（101）、（10$\bar{1}$）、（002）、（040）晶面，为纤维素Ⅰ型[50]。按照Segal经验公式［式（4-3）］可得竹浆纤维素的结晶度为71.6%，而E-CNCs的结晶度为75.3%，F-CNCs的结晶度为75.1%，说明了在酯化反应过程中，纤维素非结晶区水解与酯化同步进行。同时也表明了，反应过程中F-CNCs的晶体结构未被破坏，结晶区得以保留[50]，形成分子排列规则的晶体，有利于拓宽功能化纳米纤维的应用。

6.热分析

图5-32（a）、图5-32（b）为竹浆纤维、E-CNCs、F-CNCs的TG谱图与DTG谱图。由图可知，竹浆纤维原料、E-CNCs、F-CNCs在30～120℃的质量损失来源于纤维表面水分

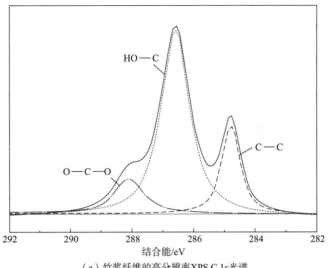

（a）竹浆纤维的高分辨率XPS C 1s光谱

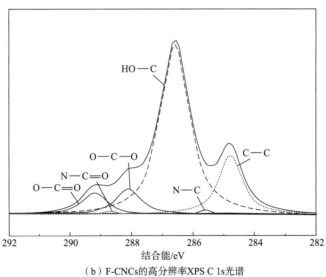

（b）F-CNCs的高分辨率XPS C 1s光谱

图5-30　竹浆纤维与F-CNCs的高分辨率XPS C 1s光谱

的脱失，在300～380℃阶段，TG曲线迅速下降是因为纤维素大分子链断裂逐步开始热分
解。竹浆纤维原料的起始热分解为334℃，在334～371℃时质量损失最大，热分解速率最
大时的温度为356℃。E-CNCs的起始热分解为337℃，在337～380℃时质量损失最大，热
分解速率最大时的温度为362℃。F-CNCs的起始热分解为325℃，在325～369℃时质量损
失最大，热分解速率最大时的温度为354℃。结果表明，制备的纳米纤维素热稳定性略微
有所增加，可能是在机械力化学作用下，去除了无定形区和排列无序的晶体，使纤维素
分子内晶体排列规整[37]，以及在磷钨酸—柠檬酸水解下一小部分纤维表面羧基化造成的。
F-CNCs的热稳定性略微下降，这与酯化过程中表面TPDCA的引入有关。

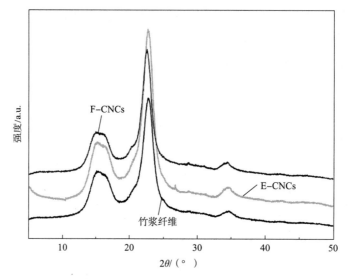

图5-31　竹浆纤维、E-CNCs和F-CNCs的XRD光谱图

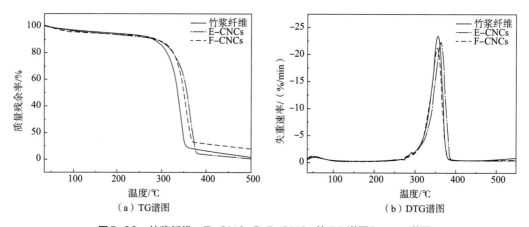

（a）TG谱图　　　　　　　　　（b）DTG谱图

图5-32　竹浆纤维、E-CNCs和F-CNCs的TG谱图和DTG谱图

7. 荧光性能分析

当光照射到某些原子时，使原子核周围的一些电子从原来的轨道跃迁到能量更高的轨道，即从基态到激发态，激发态不稳定，恢复到基态时能量以光的形式释放产生了荧光。图5-33（a）为E-CNCs、TPDCA、F-CNCs水溶液的紫外—可见光吸收光谱图，图5-33（b）是F-CNCs溶液在室温下用不同的激发波长（300～400nm、间隔20nm）测定的荧光光谱。由图5-33可知，E-CNCs没有出现特征吸收峰，TPDCA、F-CNCs溶液在220nm处有很强的吸收峰，是由于 $\pi \rightarrow \pi^*$ 跃迁。在355nm左右有很宽的吸收峰，是由共轭的TPDCA的 $n \rightarrow \pi^*$ 跃迁造成的[51, 52]，表明TPDCA成功地接枝到纤维素表面。由图5-33（b）可知，300～360nm范围内随着激发波长的增加，荧光强度逐渐增加，360nm后荧光强度开始逐渐减弱。F-CNCs在360nm激发下显示出最大发射，并且最大发射波长

保持在435nm附近。表明所制备的F-CNCs表现出与激发无关的发射行为，即最大发射峰不随激发波长变化，与TPDCA显示的现象相同[42]。

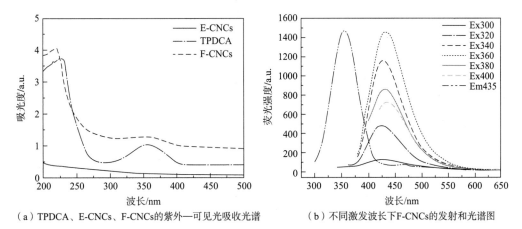

（a）TPDCA、E-CNCs、F-CNCs的紫外—可见光吸收光谱　　（b）不同激发波长下F-CNCs的发射和光谱图

图5-33　TPDCA、E-CNCs、F-CNCs的紫外—可见光吸收光谱与不同激发波长下F-CNCs的

发射和光谱图

图5-34为F-CNCs的荧光寿命曲线，F-CNCs的荧光寿命曲线具有双指数衰减动力学特征，符合二次拟合公式，即式（5-8）[42]：

$$R(t) = B_1 e^{(-t/\tau_1)} + B_2 e^{(-t/\tau_2)} \qquad (5\text{-}8)$$

式中：R——荧光强度；

B_1、B_2——常数，分别为395.77，118.43；

　　　t——时间，ns；

　τ_1、τ_2——各指数成分寿命，分别为0.915ns、4.984ns。

通过式（5-9）可以算出F-CNCs的平均寿命τ^*为3.44ns，采用积分球测定得到绝对量子产率为34.24%。

$$\tau^* = (B_1\tau_1^2 + B_2\tau_2^2)/(B_1\tau_1 + B_2\tau_2) \qquad (5\text{-}9)$$

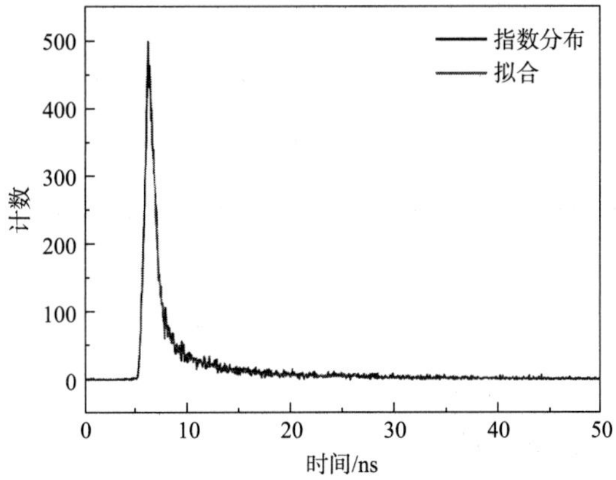

图5-34　F-CNCs的荧光寿命曲线

8.氯离子选择性研究分析

取5mL浓度为10mmol/L的离子，如Na⁺、ClO₄⁻、Cl⁻、Li⁺、NO₃⁻、SO₄²⁻、OH⁻、K⁺、Ca²⁺等加入4mL F-CNCs的悬浮液中，超声分散均匀，观察加入离子后溶液荧光强度的变化。并用加入前后荧光强度的比值$I_0/I_{H,Cl}$表示荧光淬灭的敏度，计算公式见式（5-10）。

$$I_0 I_{H,Cl} = K(Cl^-) + K(H^+) + 1 \qquad (5-10)$$

式中：I_0——在给定质子和氯化物浓度下的淬灭荧光强度；

$I_{H,Cl}$——半胱氨酸的非淬灭荧光强度；

K——F-CNCs对质子或氯化物的敏感性。

通常，淬灭速率（$I_0/I_{H,Cl}$）与淬灭剂浓度［例如（Cl⁻）］的SV图产生的斜率对于动态淬灭剂而言是线性的。因此，在固定的pH［其中K（H⁺）+1项成为y截距常数］的情况下，我们可以从选定pH下每条标准曲线的斜率获得氯离子敏感性K（Cl⁻）。

图5-35（a）为在pH=2的F-CNCs悬浮液中加入同体积同浓度（1mg/mL）的不同离子溶液的发射谱图（E_x为360nm）。由图可知，在加入相同量的离子溶液中，含有Cl⁻溶液的荧光强度最低。根据式（5-10）计算加入前后荧光强度的比值$I_0/I_{H,Cl}$即荧光淬灭的敏度如图5-35（b）所示，表明在一定的pH下，含有Cl⁻的F-CNCs溶液荧光强度降低至原溶液的74.2%。F-CNCs对氯离子敏感性起因于F-CNCs中羧基和羰基在各自的pH区域的每一个连续质子化过程中降低静电排斥，使氯化物离子络合物能够在激发态形成，改变与发光过程相竞争的非辐射跃迁过程的性质和速率，激活氯化物在酸性条件下逐渐淬灭[53, 54]。

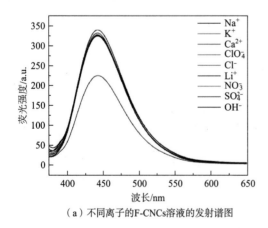

（a）不同离子的F-CNCs溶液的发射谱图

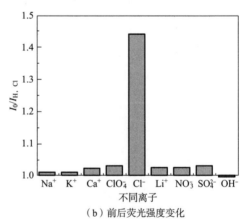

（b）前后荧光强度变化

图5-35　不同离子的F-CNCs溶液的发射谱图与前后荧光强度变化（E_x = 360nm）

笔者设计了一个简单的模型在一定pH下研究了F-CNCs的氯离子响应能力。图5-36（a）为在pH=0.66下F-CNCs溶液中加入1mL不同浓度Cl⁻的溶液的发射谱图（E_x为360nm），图5-36（b）为在pH=0.3下F-CNCs溶液中加入1mL不同溶度Cl⁻的溶液的发射谱图（E_x为360nm）。由图可知，随着pH的降低，即酸性程度增加的情况下，同浓度Cl⁻溶液的荧光淬灭速率越快。为了更清楚直观地了解氯离子浓度和pH对F-CNCs的荧光淬灭程度的影响，将不同浓度的氯离子在pH = 0.66和pH = 0.3下F-CNCs荧光强度的变化进行线性拟合，作回归曲线如图5-36（d）所示。由图可知F-CNCs的荧光猝灭对Cl⁻在0 ~ 0.2mol/L的浓度范围内呈线性响应，且pH越低，荧光猝灭灵敏度越高。表明了F-CNCs的荧光猝灭行为是激发态离子（酸性条件下）和氯化物相互作用的结果，部分电荷转移产生自旋轨道耦合[55, 56]。所制备的F-CNCs具备在酸性条件下对氯离子敏感性，可用于检测Cl⁻的浓度，在化学传感、生物传感等领域具有潜在的应用价值。

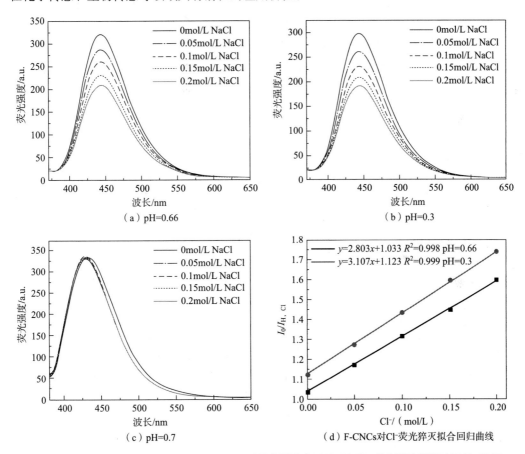

图5-36　pH = 0.66、pH = 0.3、pH = 0.7时氯离子浓度对F-CNCs荧光强度的影响及F-CNCs
对Cl⁻荧光猝灭拟合回归曲线

二、荧光纳米纤维素凝胶

水凝胶是一类高度水化的物理或化学交联的三维网络的软物质，它可能包含多种化学成分和结构形式。水凝胶一般可分为合成高分子水凝胶和天然高分子水凝胶。纳米纤维素优异的性能还有其带电界面及它们在更疏水的溶剂或介质中聚合的趋势，非常有利于它们作为水凝胶的增强剂甚至构建材料。将纳米纤维素和其他高分子水凝胶混合，通过物理或化学的相互作用形成半互穿网络结构，改善其机械性能，而且纳米纤维素良好的生物相容性和对纳米纤维的功能化改性使其在组织工程、伤口愈合材料和药物输送系统等领域具有潜在应用价值[57, 58]。荧光水凝胶是由荧光物质［如染料分子，无机半导体量子点（QDs），金属纳米粒子（metal nanoparticles），碳量子点（CDs）等］和高分子水凝胶基质结合的一类新型的纳米复合水凝胶，其荧光特性与水凝胶结合起来使其在形状记忆、分子开关和生物检测等方面具有潜在应用价值[59, 60]。

聚乙烯醇（PVA）是一种廉价的工业原料，其分子是由聚合物链和侧链羟基构成[61]，其良好的生物相容性、无毒性、生物可降解性，使其在医药、食品包装、生物组织工程等方面得到广泛应用[62, 63]。PVA在90℃以上时，容易溶于水中成黏稠的液体，冷却形成凝胶。为了获得良好的机械性能，需要对制备的PVA水凝胶进行化学交联或物理交联。化学交联方法主要是采用一些醛类物质与PVA发生羟醛缩合反应，但是一般经过化学交联后都会残留一些有毒交联剂[64, 65]。物理交联法最常用的是冻融循环法，随着冻融循环次数的增加，PVA水凝胶结晶区增加，凝胶刚性增强，不透明度增加[66]，且循环过程中由于水被过度排挤出，使水凝胶内部形成致密网络结构，影响其多孔性[67]。这些交联方式都限制了PVA在一些领域的应用。

利用纳米纤维素和PVA两种材料的特性，且对纳米纤维素进行功能化修饰，使其对Cl^-具有响应性荧光猝灭，加入植酸（PA）作为交联剂，仅一次冻融循环，通过三者分子间的氢键作用制备了具有半互穿网络结构的氯离子响应性荧光复合水凝胶（PVA/F-CNCs/PA）。该复合水凝胶不仅具有良好的机械性能，且具有对氯离子荧光敏感性。

（一）荧光水凝胶的构筑

准确称取10g PVA粉末加入圆底烧瓶中，然后再加入90g去离子水，100℃油浴条件下冷凝回流反应1.5h，待PVA粉末完全溶解后得到10% PVA溶液，再取一定量的4%的F-CNCs悬浮液加入PVA溶液中，搅拌一段时间，加入10g PA溶液搅拌至形成均一的溶液，超声去除气泡后，倒入特定的模板中放入-20℃的冰箱2h，解冻后得到PVA/F-CNCs/PA水凝胶，制备流程如图5-37所示。作为对照，由PVA与PA形成的凝胶（不添加F-CNCs）也按照上述方法制备，并标记为PVA/PA水凝胶。

（二）性能表征

1.形貌表征

图5-38（a）、图5-38（b）为不同含量F-CNCs的复合水凝胶断面的扫描电镜图。从图5-38（a）可以看到PVA/PA复合水凝胶结构比较均一、平整，且无较大的孔隙。从图5-38（b）中可以看出，随着F-CNCs含量的增加，复合水凝胶的孔隙也增加，主要是因为F-CNCs表面富含羟基，羧基使复合水凝胶的亲水性增加，更多的水分子在复合水凝胶

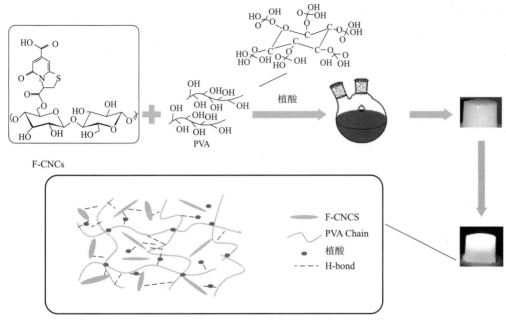

F-CNCs

植酸

OH OHOH
OH
HO
OH
HO OHOH
OH OHOH
PVA

F-CNCS
PVA Chain
植酸
H-bond

图5-37　PVA/F-CNCs/PA复合水凝胶的制备流程图

孔隙中，经过液氮冷冻，能形成较多的冰晶，从而冷冻干燥后形成比较多的孔且具有比较大的孔径[68]。复合水凝胶呈现出不规则的多孔结构显示了F-CNCs和PVA良好的共混相容性，同时F-CNCs和PVA之间构成了半互穿的交织网络。

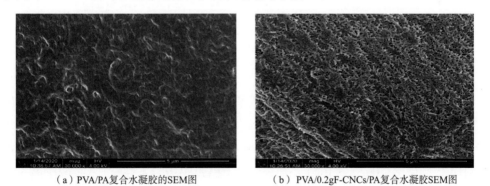

（a）PVA/PA复合水凝胶的SEM图　　　　（b）PVA/0.2gF-CNCs/PA复合水凝胶SEM图

图5-38　PVA/PA、PVA/0.2gF-CNCs/PA复合水凝胶SEM图

2.FTIR分析

图5-39为不同含量F-CNCs的复合水凝胶和F-CNCs的红外光谱图。F-CNCs在3410cm^{-1}附近的吸收峰对应O—H的伸缩振动[45]，PVA/PA水凝胶在3430cm^{-1}吸收峰为O—H的伸缩振动[69]，PVA/F-CNCs/PA复合水凝胶在该处的峰向低波数方向3420cm^{-1}处移动且吸收峰的强度增加。当加入0.4g F-CNCs时3420cm^{-1}附近出现两个峰，说明复合水凝胶中纤维素和PVA分子间氢键作用力增强[70, 71]，这是F-CNCs分子中的羟基、羧基和

PVA、PA分子中羟基形成了多重氢键相互作用的结果。在840cm⁻¹处的吸收峰为PVA分子链上C—C基团伸缩振动[72, 73]。2940cm⁻¹对应于纤维素和植酸分子中C—H的伸缩振动吸收[74]，1725cm⁻¹附近对应纤维素酯化C=O伸缩振动[15]，1640cm⁻¹对应纤维素H—OH，1165cm⁻¹处的谱带对应于纤维素的不对称C—C骨架伸缩振动，而1050cm⁻¹处的谱带对应于纤维素中存在的醇基团的C—OH弯曲振动[15, 16, 75]，在895cm⁻¹处为纤维素分子中β-糖苷键的特征吸收峰，纤维素异头碳（C_1）的振动吸收[16]。PVA/F-CNCs/PA复合水凝胶的红外光谱图出现了PVA和F-CNCs和PA的特征吸收峰，且峰值向低波数方向移动，且在F-CNCs含量增加时表现更为明显，表明F-CNCs和PVA、PA分子间不是简单的共混，三者之间形成了新的氢键相互作用。

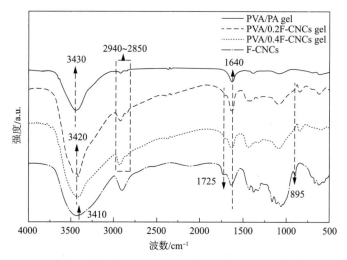

图5-39　不同F-CNCs含量的复合水凝胶的红外光谱图

3.XRD分析

图5-40为不同F-CNCs含量复合水凝胶和F-CNCs的XRD图。从图中可以明显看到F-CNCs在2θ为15°、16.5°、22.7°、34.8°处出现较强的衍射峰，分别对应（101）、（101̄）、（002）、（040）晶面，为纤维素 I 型[21]。在2θ为20.2°、23.1°、41.1°处为PVA典型结晶峰，分别对应于（101）、（002）、（102）晶面，但由于PVA/PA复合水凝胶加入植酸使PVA的典型结晶峰逐渐消失[46]。随着PVA/F-CNCs/PA复合水凝胶中F-CNCs含量的增加，PVA/PA复合水凝胶在2θ＝20.2°，2θ＝23.1°处的两个特征衍射峰逐渐加强。说明F-CNCs的添加使PVA/PA复合水凝胶分子结构有序性增加，PVA和PA分子中的羟基、P—OH可与F-CNCs中的羟基、羧基之间形成较强的氢键结合作用，增强了复合水凝胶的有序性，导致复合水凝胶的结晶度的增加[76]。

4.溶胀性能分析

图5-41（a）为不同F-CNCs含量的PVA/F-CNCs/PA复合水凝胶在水中的平衡溶胀率。从图中可以看出，当F-CNCs含量较少时（少于0.4g），F-CNCs含量增加，复合水凝胶的平

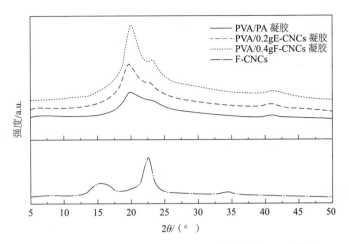

图5-40　不同F-CNCs含量的复合水凝胶的XRD谱图

衡溶胀率也逐渐增加，这是由于F-CNCs分子中具有大量的羟基、羧基（亲水性基团），复合水凝胶的亲水性增加，其吸水性增强[73, 77]。但F-CNCs含量较多时（大于0.4g），PVA和PA与F-CNCs之间的氢键结合作用增强，从而导致复合水凝胶的分子链缠结得更为紧密。通过冷冻处理后，PVA/F-CNCs/PA复合水凝胶中分子链重新排列，形成了更为刚性的网络结构，减少了水分子的进入，导致复合水凝胶平衡溶胀率下降[77, 78]。图5-41（b）为不同F-CNCs含量的PVA/F-CNCs/PA复合水凝胶冷冻干燥后在水中的再溶胀动力学曲线。从图中可以看出，在PVA/F-CNCs/PA复合水凝胶的再溶胀过程中，不同F-CNCs含量的复合水凝胶的再吸水速率均随时间的增加而迅速增大，随后吸水速率逐渐平缓，在500min左右时，复合水凝胶达到再溶胀平衡。随着F-CNCs含量的增加，复合水凝胶的再溶胀率呈现先增加后降低的趋势。因为随着F-CNCs的加入，纤维素分子间的氢键作用被破坏，此时纤维素与PVA和PA分子间形成的氢键作用还比较弱，复合水凝胶的结构较为疏松，且

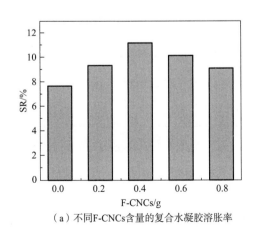

（a）不同F-CNCs含量的复合水凝胶溶胀率

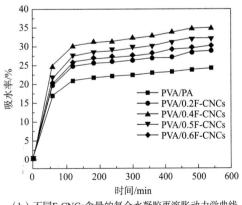

（b）不同F-CNCs含量的复合水凝胶再溶胀动力学曲线

图5-41　不同F-CNCs含量的复合水凝胶溶胀率及再溶胀动力学曲线

F-CNCs表面富含亲水性基团，PVA/F-CNCs/PA复合水凝胶的吸水性较强，其溶胀率的恢复能力增强，当达到再溶胀平衡时，PVA/F-CNCs/PA复合水凝胶的溶胀率可恢复至35%左右。随着F-CNCs含量的增加，F-CNCs与PVA和PA之间形成的氢键结合作用增强，在一次冻融循环过程后，PVA/F-CNCs/PA复合水凝胶中的分子链进行重新排列，彼此之间相互缠结，组成了更为紧密的网络结构，阻碍了水分子渗透到复合水凝胶中，且在冷冻干燥过程中进一步减小了复合水凝胶内部交联点之间的平均距离，增加了其网络结构的致密性，再一次限制了水分子的进入，使复合水凝胶的再溶胀率下降[79]。

5.力学性能分析

图5-42为不同F-CNCs含量的PVA/F-CNCs/PA复合水凝胶的压缩强度—应变曲线。从图中可以看出，不同F-CNCs含量的复合水凝胶样品均呈现出"J"字形，屈服应力变化在69%~92%，表明PVA/F-CNCs/PA复合水凝胶的弹性性能优异。随着F-CNCs含量的增加，PVA/F-CNCs/PA复合水凝的压缩强度逐渐增大，当F-CNCs含量为0.6g时，复合水凝胶的压缩强度从1.8MPa增加至3.2MPa，表明F-CNCs较少时（小于0.6g），由于F-CNCs与PVA、PA分子间的氢键作用力，PVA/F-CNCs/PA复合水凝胶中的孔径较小，结构相对均匀，且F-CNCs分子链的刚性特征对复合水凝胶力学强度起到良好的支撑作用[80, 81]。冻融循环过程中F-CNCs分子链进一步与PVA、PA彼此缠结，形成了较为紧密的结构，使复合水凝胶的力学强度显著增加，F-CNCs限制了PVA分子链的运动，导致屈服应变下降。随着F-CNCs含量继续增加到0.8g，复合水凝胶的屈服应变继续降低，且压缩强度也降低至3MPa，这是由于F-CNCs自身羟基容易形成氢键作用，使F-CNCs团聚，在水凝胶中分散性变差，与PVA界面相容性减弱，导致PVA/F-CNCs/PA复合水凝胶结构变得疏松，从而使其压缩强度降低。

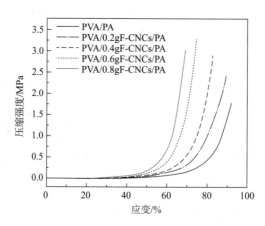

图5-42　不同F-CNCs含量的PVA/F-CNCs/PA复合水凝胶的压缩强度—应变曲线

6.流变性能分析

图5-43（a）为不同F-CNCs含量的PVA/F-CNCs/PA复合水凝胶的储能模量（G'）和损耗模量（G''）与应变幅度的关系图。从图中可知，在应变振幅小于10%时，此时不同

F-CNCs含量的PVA/F-CNCs/PA复合水凝胶的储能模量与损耗模量曲线保持水平，表明储能模量（G'）和损耗模量（G''）与应变振幅无关，复合水凝胶样品呈现出线性行为；随着应变振幅的逐渐增大（大于10%），水凝胶试样的储能模量逐渐减小，PVA/F-CNCs/PA复合水凝胶样品呈现出非线性行为，因此在进行频率扫描测试时，应变幅度设定为10%。图5-43（b）为不同F-CNCs含量的PVA/F-CNCs/PA复合水凝胶的储能模量（G'）和损耗模量（G''）与扫描频率的关系图。从图5-43（b）可知，PVA/F-CNCs/PA复合水凝胶在频率扫描过程中，当频率逐渐升高时，储能模量（G'）和损耗模量（G''）曲线保持水平，表明复合水凝胶结构比较稳定，这是由于F-CNCs与PVA、PA分子间的氢键作用力和分子链之间的相互缠绕所产生的机械作用力来维持的[82,83]。随着PVA/F-CNCs/PA复合水凝胶中F-CNCs含量的增加（少于0.6g），复合水凝胶的储能模量由400Pa增加到650Pa。因为添加F-CNCs后，与PVA、PA之间的氢键作用加强，三者之间分子链彼此缠结，机械性能增加，说明F-CNCs对复合水凝胶的力学强度起到增强作用。随着F-CNCs含量的增加（大于0.6g），储能模量下降，是由于F-CNCs自身的团聚，使F-CNCs与PVA界面结合能力减弱，复合水凝胶结构变得疏松，与力学测试一致。图5-43（c）、图5-43（d）分别为不同F-CNCs含量的PVA/F-CNCs/PA复合水凝胶的损耗角正切（tanδ）与扫描频率的关系图、温度与储能模量（G'）和损耗模量（G''）的关系图。从图5-43（b）和图5-43（c）可以得出，不同F-CNCs含量PVA/F-CNCs/PA复合水凝胶的损耗模量（G'）远小于其储能模量（G''），且不同扫描频率条件下复合水凝胶的损耗角正切（tanδ）始终小于1，表明在频率扫描范围内PVA/F-CNCs/PA复合水凝胶试样具有良好的弹性行为，其三维网状结构没有遭到破坏。随着频率的增加，PVA/F-CNCs/PA复合水凝胶的损耗角正切（tanδ）逐渐增大，这也说明PVA/F-CNCs/PA复合水凝胶的三维网状结构受到破坏，其稳定性逐渐减弱。从图5-43（d）可以看出，在20～80℃，PVA/F-CNCs/PA复合水凝胶储能模量远远大于损耗模量，表明在该温度范围内，复合水凝胶具有弹性行为。且PVA/F-CNCs/PA复合水凝胶的储能模量发生剧烈变化的温度随着F-CNCs含量的增加往后移（小于0.6g），表明F-CNCs的添加与PVA、PA之间的氢键作用及分子链的缠结增加了复合水凝胶的稳定性[84]。

7.热性能分析

图5-44（a）、图5-44（b）为PVA/PA复合水凝胶和PVA/F-CNCs/PA复合水凝胶的TG和DTG曲线。从图中可以看出，复合水凝胶的热分解过程分为三个阶段：35～120℃的质量损失主要归因于复合水凝胶水分的脱失，且PVA/F-CNCs/PA水凝胶在这阶段质量损失比PVA/PA复合水凝胶多，是由于F-CNCs的表面羟基和羧基的亲水基团，增加了复合水凝胶的吸湿性；150～270℃复合水凝胶的质量损失，是由于PVA侧链羟基的断裂[73]，PVA/PA复合水凝胶在这阶段的起始分解温度和最大分解温度分别为155℃和190℃，而PVA/F-CNCs/PA复合水凝胶的起始温度为180℃，最大分解温度为225℃，比单纯PVA/PA复合水凝胶的要高。这是由于F-CNCs的添加，增加了复合水凝胶的分子之间的氢键结合作

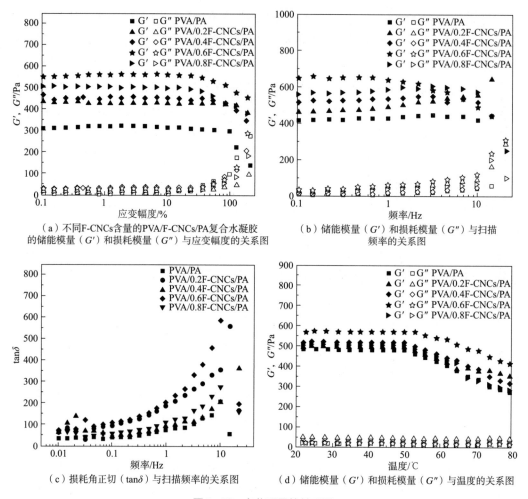

（a）不同F-CNCs含量的PVA/F-CNCs/PA复合水凝胶
的储能模量（G'）和损耗模量（G''）与应变幅度的关系图

（b）储能模量（G'）和损耗模量（G''）与扫描
频率的关系图

（c）损耗角正切（tanδ）与扫描频率的关系图

（d）储能模量（G'）和损耗模量（G''）与温度的关系图

图5-43　各物理量的关系图

用，热稳定性增加[85]。400~500℃阶段是复合水凝胶主链的断裂和降解。在400℃以下，F-CNCs的加入，使复合水凝胶第二阶段分解温度略微提高；而400℃以后，热分解温度都没有改变。说明F-CNCs的加入对PVA主链的热分解温度没有影响，其没有形成氢键相互作用。

8.Cl⁻响应性分析

基于在一定pH下，F-CNCs中的氮和羧基质子化后处于内部电荷转移状态诱发羧基上sp³特性增强，导致共轭2-吡啶酮体系的平面性和刚性丧失，引起了平面外振动，使其进入非辐射弛缓通道与氯离子的相互作用使荧光猝灭的原理[39, 86]，可以用于检测Cl⁻的浓度，研究PVA/F-CNCs/PA复合水凝胶对Cl⁻的敏感性。首先配制不同浓度梯度的NaCl溶液（0~0.2mol/L），然后观察不同浓度Cl⁻对复合水凝胶荧光强度的影响，如图5-45（a）所示。根据图5-45（a）统计复合水凝胶荧光强度（峰值）的变化。对不同Cl⁻浓度的PVA/

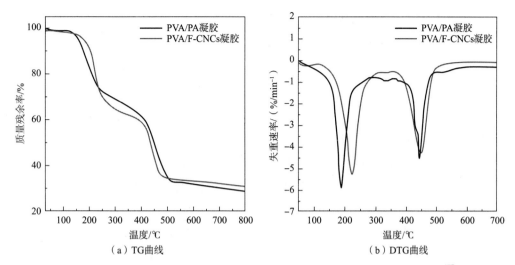

图5-44　PVA/PA复合水凝胶和PVA/F-CNCs/PA复合水凝胶的TG曲线与DTG曲线

F-CNCs/PA复合水凝胶的荧光强度变化进行线性拟合，得到荧光猝灭拟合曲线如图5-45（b）所示。从图中可以看出，Cl^-浓度在$0 \sim 0.2mol/L$范围内，复合水凝胶的荧光猝灭效率呈线性响应，校准曲线为$y = 4.11X（Cl）+1.07$（$R^2 = 0.996$）。其中凝胶表示半胱氨酸的非猝灭荧光强度，是在氯化物浓度下的猝灭荧光强度。

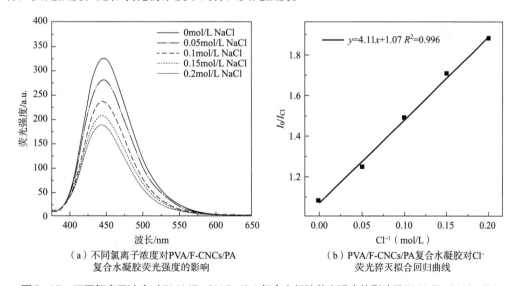

图5-45　不同氯离子浓度对PVA/F-CNCs/PA复合水凝胶荧光强度的影响及PVA/F-CNCs/PA复合凝胶对Cl^-荧光猝灭拟合回归曲线

三、本节小结

（1）基于微波—水热反应原理，在水相中以"一锅法"制备了高得率的FCNF，避免了中间产物的烦琐分离过程和有机溶剂的使用，提高了反应效率和得率，实现了FCNF的绿色、低碳、高效制备。在微波功率500W，反应温度110℃，反应时间5h的条件下，FCNF的得率达到73.2%。FCNF长度为200～300nm，直径为10～20nm，长径比为20～30，结晶度达到80%，在水中具有良好的分散稳定性。FCNF荧光性能稳定，对Cl⁻具有较好的敏感性，可用于Cl⁻的定量检测。FCNF良好的荧光性能，使其在荧光标记、生物医药、传感检测等领域具有广阔的应用前景。

（2）将F-CNCs与PVA结合，通过PA的交联作用形成多重氢键，基于氢键结合作用，一次冻融循环制备了具有良好的力学性能，热稳定性且能在一定pH下对Cl⁻敏感的荧光水凝胶。通过SEM、FTIR、XRD、流变热重等表征手段对PVA/F-CNCs/PA复合水凝胶的微观形貌、化学结构、晶型及性能进行研究发现，F-CNCs与PVA、PA分子链之间形成了氢键结合作用，复合水凝胶具有稳定的三维网状结构、良好的力学性能、热稳定性。且由于原料绿色、简单易得和仅一次冻融循环制备的复合水凝胶，对氯离子具有良好的荧光猝灭效率，在生物传感、化学传感及其他智能高分子凝胶材料等领域具有广阔的应用前景。

参考文献

［1］STEED J W, ATWOOD J L. Supramolecular chemistry［M］. 2nd edition. Hoboken:John Wiley & Sons Inc. 2009.

［2］MATTIA E, OTTO S. Supramolecular systems chemistry［J］. Nature Nanotechnology, 2015, 10(2): 111–119.

［3］VAN KURINGEN H P C, Schenning A P H J. Hydrogen bonding in supramolecular nanoporous materials ［M］//Hydrogen Bonded Supramolecular Materials. Springer, Berlin, Heidelberg, 2015: 43–67.

［4］JI X, SHI B, WANG H, et al. Supramolecular construction of multifluorescent gels: interfacial assembly of discrete fluorescent gels through multiple hydrogen bonding［J］. Advanced Materials, 2015, 27(48): 8062–8066.

［5］SIJBESMA R P, BEIJER F H, BRUNSVELD L, et al. Reversible polymers formed from self-complementary monomers using quadruple hydrogen bonding［J］. Science, 1997, 278(5343): 1601–1604.

［6］BEIJER F H, SIJBESMA R P, KOOIJMAN H, et al. Strong dimerization of ureidopyrimidones via quadruple hydrogen bonding［J］. Journal of the American Chemical Society, 1998, 120(27): 6761–6769.

［7］FUKUZUMI H, SAITO T, IWATA T, et al. Transparent and high gas barrier films of cellulose nanofibers prepared by TEMPO-mediated oxidation［J］. Biomacromolecules, 2009, 10(1): 162–165.

［8］MONEMIAN S, KORLEY L S T J. Exploring the role of supramolecular associations in mechanical toughening of interpenetrating polymer networks［J］. Macromolecules, 2015, 48(19): 7146-7155.

［9］ANTHAMATTEN M. Hydrogen bonding in supramolecular polymer networks: glasses, melts, and elastomers［M］//Seiffert S. Supramolecular Polymer Networks and Gels.Switzerland:Springer Inter nactional Publishing Switzer-land, 2015: 47-99.

［10］LIN C, XIAO T, WANG L. Hydrogen-Bonded Supramolecular Polymers［M］//LI ZT, WU LZ. Hydrogen Bonded Supramolecular Structures. Heidelberg:Springer-Verlag, 2015: 321-350.

［11］BERNARDINELLI O D, LIMA M A, REZENDE C A, et al. Quantitative 13C MultiCP solid-state NMR as a tool for evaluation of cellulose crystallinity index measured directly inside sugarcane biomass［J］. Biotechnology for Biofuels, 2015, 8(1): 1-11.

［12］WANG T, HONG M. Solid-state NMR investigations of cellulose structure and interactions with matrix polysaccharides in plant primary cell walls［J］. Journal of Experimental Botany, 2016, 67(2): 503-514.

［13］ZHOU J, ZHANG L, DENG Q, et al. Synthesis and characterization of cellulose derivatives prepared in NaOH/urea aqueous solutions［J］. Journal of Polymer Science Part A: Polymer Chemistry, 2004, 42(23): 5911-5920.

［14］IBRAHIM M M, El-ZAWAWY W K. Extraction of cellulose nanofibers from cotton linter and their composites［M］//PANDEY J K,TAKAGI H,NAKAGAITO A N,et al.Handbook of Polymer Nanocomposites. Processing, Performance and Application: Volume C:Polymer Nanocomposites of cellulose Nanoparticles, Heidelberg:Springer-Verlag, 2015: 145-164.

［15］RAMBABU N, PANTHAPULAKKAL S, SAIN M, et al. Production of nanocellulose fibers from pinecone biomass: evaluation and optimization of chemical and mechanical treatment conditions on mechanical properties of nanocellulose films［J］. Industrial Crops and Products, 2016(83): 746-754.

［16］ABIDI N, CABRALES L, HAIGLER C H. Changes in the cell wall and cellulose content of developing cotton fibers investigated by FTIR spectroscopy［J］. Carbohydrate Polymers, 2014(100): 9-16.

［17］AYDIN M, UYAR T, TASDELEN M A, et al. Polymer/clay nanocomposites through multiple hydrogen-bonding interactions［J］. Journal of Polymer Science Part A: Polymer Chemistry, 2015, 53(5): 650-658.

［18］BOBADE S L, MALMGREN T, BASKARAN D. Micellar-cluster association of ureidopyrimidone functionalized monochelic polybutadiene［J］. Polymer Chemistry, 2014, 5(3): 910-920.

［19］BIYANI M V, FOSTER E J, WEDER C. Light-healable supramolecular nanocomposites based on modified cellulose nanocrystals［J］. ACS Macro Letters, 2013, 2(3): 236-240.

［20］DELGADO P A, HILLMYER M A. Combining block copolymers and hydrogen bonding for poly (lactide) toughening［J］. Rsc Advances, 2014, 4(26): 13266-13273.

［21］DEEPA B, ABRAHAM E, CORDEIRO N, et al. Utilization of various lignocellulosic biomass for the production of nanocellulose: a comparative study［J］. Cellulose, 2015, 22(2): 1075-1090.

［22］LIANG J, HUANG Y, ZHANG L, et al. Molecular-level dispersion of graphene into poly (vinyl alcohol) and effective reinforcement of their nanocomposites ［J］. Advanced Functional Materials, 2009, 19(14): 2297–2302.

［23］ZHANG W, HE X, LI C, et al. High performance poly (vinyl alcohol)/cellulose nanocrystals nanocomposites manufactured by injection molding ［J］. Cellulose, 2014, 21(1): 485–494.

［24］ABD HAMID S B, ZAIN S K, DAS R, et al. Synergic effect of tungstophosphoric acid and sonication for rapid synthesis of crystalline nanocellulose ［J］. Carbohydrate Polymers, 2016, 138: 349–355.

［25］MIRHOSSEINI H, TAN C P, HAMID N S A, et al. Effect of Arabic gum, xanthan gum and orange oil contents on ζ –potential, conductivity, stability, size index and pH of orange beverage emulsion ［J］. Colloids and Surfaces A: Physicochemical and Engineering Aspects, 2008, 315(1–3): 47–56.

［26］KABOORANI A, RIEDL B, BLANCHET P, et al. Nanocrystalline cellulose (NCC): a renewable nano-material for polyvinyl acetate (PVA) adhesive ［J］. European Polymer Journal, 2012, 48(11): 1829–1837.

［27］LEE S Y, MOHAN D J, KANG I A, et al. Nanocellulose reinforced PVA composite films: effects of acid treatment and filler loading ［J］. Fibers and Polymers, 2009, 10(1): 77–82.

［28］CHO M J, PARK B D. Tensile and thermal properties of nanocellulose-reinforced poly (vinyl alcohol) nanocomposites ［J］. Journal of Industrial and Engineering Chemistry, 2011, 17(1): 36–40.

［29］CHING Y C, RAHMAN A, CHING K Y, et al. Preparation and characterization of polyvinyl alcohol-based composite reinforced with nanocellulose and nanosilica ［J］. BioResources, 2015, 10(2): 3364–3377.

［30］NAWAZ H, ZHANG X, CHEN S, et al. Recent studies on cellulose-based fluorescent smart materials and their applications: a comprehensive review ［J］. Carbohydrate Polymers, 2021(267): 118135.

［31］CHEN J, ZHOU Z, CHEN Z, et al. A fluorescent nanoprobe based on cellulose nanocrystals with porphyrin pendants for selective quantitative trace detection of Hg^{2+} ［J］. New Journal of Chemistry, 2017, 41(18): 10272–10280.

［32］LI R, LIU Y, SEIDI F, et al. Design and construction of fluorescent cellulose nanocrystals for biomedical applications ［J］. Advanced Materials Interfaces, 2022,9(11): 2101293.

［33］ZHOU J, BUTCHOSA N, JAYAWARDENA H S N, et al. Synthesis of multifunctional cellulose nanocrystals for lectin recognition and bacterial imaging ［J］. Biomacromolecules, 2015, 16(4): 1426–1432.

［34］CHEN H, HUANG J, HAO B, et al. Citrate-based fluorophore-modified cellulose nanocrystals as a biocompatible fluorescent probe for detecting ferric ions and intracellular imaging ［J］. Carbohydrate Polymers, 2019(224): 115198.

［35］CHEN J, MAO L, QI H, et al. Preparation of fluorescent cellulose nanocrystal polymer composites with thermo-responsiveness through light-induced ATRP ［J］. Cellulose, 2020, 27(2): 743–753.

［36］XIE Z, KIM J P, CAI Q, et al. Synthesis and characterization of citrate-based fluorescent small molecules and biodegradable polymers［J］. Acta Biomaterialia, 2017 (50): 361-369.

［37］KIM J P, XIE Z, CREER M, et al. Citrate-based fluorescent materials for low-cost chloride sensing in the diagnosis of cystic fibrosis［J］. Chemical Science, 2017, 8(1): 550-558.

［38］JAYARAMAN S, VERKMAN A S. Quenching mechanism of quinolinium-type chloride-sensitive fluorescent indicators［J］. Biophysical Chemistry, 2000, 85(1): 49-57.

［39］KIM S, SEO J, PARK S Y. Torsion-induced fluorescence quenching in excited-state intramolecular proton transfer (ESIPT) dyes［J］. Journal of Photochemistry and Photobiology A: Chemistry, 2007, 191(1): 19-24.

［40］YANG J, ZHANG Y, GAUTAM S, et al. Development of aliphatic biodegradable photoluminescent polymers［J］. Proceedings of the National Academy of Sciences, 2009, 106(25): 10086-10091.

［41］YANG Z, ZHAO L, LEI Z. Quaternary ammonium salt functionalized methoxypolyethylene glycols-supported phosphotungstic acid catalyst for the esterification of carboxylic acids with alcohols［J］. Catalysis Letters, 2014, 144(4): 585-589.

［42］王莉, 吕婷, 阮枫萍, 等. 水热法制备的荧光碳量子点［J］. 发光学报, 2014 (6): 706-709.

［43］BALÁŽ P. Mechanochemistry in nanoscience and minerals engineering［M］. Heidelberg:Springer-verlayg, 2008: 257-296.

［44］BEYER M K, CLAUSEN-SCHAUMANN H. Mechanochemistry: the mechanical activation of covalent bonds［J］. Chemical Reviews, 2005, 105(8): 2921-2948.

［45］TANG H, BUTCHOSA N, ZHOU Q. A transparent, hazy, and strong macroscopic ribbon of oriented cellulose nanofibrils bearing poly (ethylene glycol)［J］. Advanced Materials, 2015, 27(12): 2070-2076.

［46］黄彪, 卢麒麟, 唐丽荣. 纳米纤维素的制备及应用研究进展［J］. 林业工程学报, 2016, 1(5): 1-9.

［47］周素坤, 毛健贞, 许凤. 微纤化纤维素的制备及应用［J］. 化学进展, 2014, 26(10): 1752-1762.

［48］Spinella S, Maiorana A, Qian Q, et al. Concurrent cellulose hydrolysis and esterification to prepare a surface-modified cellulose nanocrystal decorated with carboxylic acid moieties［J］. ACS Sustainable Chemistry & Engineering, 2016, 4(3): 1538-1550.

［49］RAMÍREZ J A Á, FORTUNATI E, KENNY J M, et al. Simple citric acid-catalyzed surface esterification of cellulose nanocrystals［J］. Carbohydrate Polymers, 2017(157): 1358-1364.

［50］MOON R J, MARTINI A, NAIRN J, et al. Cellulose nanomaterials review: structure, properties and nanocomposites［J］. Chemical Society Reviews, 2011, 40(7): 3941-3994.

［51］SHI L, YANG J H, ZENG H B, et al. Carbon dots with high fluorescence quantum yield: the fluorescence originates from organic fluorophores［J］. Nanoscale, 2016, 8(30): 14374-14378.

［52］WANG H X, YANG Z, LIU Z G, et al. Facile preparation of bright-fluorescent soft materials from small organic molecules［J］. Chemistry-A European Journal, 2016, 22(24): 8096-8104.

［53］KAROLIN J, GEDDES C D, WYNNE K, et al. Nanoparticle metrology in sol−gels using multiphoton excited fluorescence［J］. Measurement Science and Technology, 2001, 13(1): 21.

［54］HAI J, LI T, SU J, et al. Reversible response of luminescent Terbium（Ⅲ）−nanocellulose hydrogels to anions for latent fingerprint detection and encryption［J］. Angewandte Chemie International Edition, 2018, 57(23): 6786−6790.

［55］BÜNAU G, BIRKS J B. Photophysics of aromatic molecules. Wiley−Interscience, London 1970. 704 Seiten. Preis: 210s［J］. Ber. Bunsenges. Phys. Chem., 1970(74): 1294−1295.

［56］LIN S, SAHAI A, CHUGH S S, et al. High glucose stimulates synthesis of fibronectin via a novel protein kinase C, Rap1b, and B−Raf signaling pathway［J］. Journal of Biological Chemistry, 2002, 277(44): 41725−41735.

［57］GAHARWAR A K, PEPPAS N A, KHADEMHOSSEINI A. Nanocomposite hydrogels for biomedical applications［J］. Biotechnology and Bioengineering, 2014, 111(3): 441−453.

［58］HOFFMAN A S. Hydrogels for biomedical applications［J］. Advanced Drug Delivery Reviews, 2012(64): 18−23.

［59］YAN J J, WANG H, ZHOU Q H, et al. Reversible and multisensitive quantum dot gels［J］. Macromolecules, 2011, 44(11): 4306−4312.

［60］NISHIYABU R, USHIKUBO S, KAMIYA Y, et al. A boronate hydrogel film containing organized two−component dyes as a multicolor fluorescent sensor for heavy metal ions in water［J］. Journal of Materials Chemistry A, 2014, 2(38): 15846−15852.

［61］HASSAN C M, PEPPAS N A. Structure and applications of poly（vinyl alcohol）hydrogels produced by conventional crosslinking or by freezing/thawing methods［J］. Advances in Polymer Science:Biopolymers · PVA Hydrogels, Anionic Polymerisation Nanocomposites, 2000(153): 37−65.

［62］OSSIPOV D A, PISKOUNOVA S, HILBORN J. Poly（vinyl alcohol）cross−linkers for in vivo injectable hydrogels［J］. Macromolecules, 2008, 41(11): 3971−3982.

［63］QU J B, HUAN G S, CHEN Y L, et al. Coating gigaporous polystyrene microspheres with cross−linked poly（vinyl alcohol）hydrogel as a rapid protein chromatography matrix［J］. ACS Applied Materials & Interfaces, 2014, 6(15): 12752−12760.

［64］STAUFFER S R, PEPPAST N A. Poly（vinyl alcohol）hydrogels prepared by freezing−thawing cyclic processing［J］. Polymer, 1992, 33(18): 3932−3936.

［65］HASSAN C M, PEPPAS N A. Cellular PVA hydrogels produced by freeze/thawing［J］. Journal of Applied Polymer Science, 2000, 76(14): 2075−2079.

［66］YOKOYAMA F, ACHIFE E C, MOMODA J, et al. Morphology of optically anisotropic agarose hydrogel prepared by directional freezing［J］. Colloid and Polymer Science, 1990, 268(6): 552−558.

［67］GUTIÉRREZ M C, JOBBÁGY M, RAPÚN N, et al. A biocompatible bottom-up route for the preparation of hierarchical biohybrid materials [J]. Advanced Materials, 2006, 18(9): 1137-1140.

[68] DEMIREL G B, CAYKARA T, DEMIRAY M, et al. Effect of pore-forming agent type on swelling properties of macroporous poly (N- [3-(dimethylaminopropyl)] -methacrylamide-co-acrylamide) hydrogels [J]. Journal of Macromolecular Science, Part A, 2008, 46(1): 58-64.

[69] FORTUNATI E, PUGLIA D, LUZI F, et al. Binary PVA bio-nanocomposites containing cellulose nanocrystals extracted from different natural sources: part I [J]. Carbohydrate Polymers, 2013, 97(2): 825-836.

[70] MANSUR H S, SADAHIRA C M, SOUZA A N, et al. FTIR spectroscopy characterization of poly (vinyl alcohol) hydrogel with different hydrolysis degree and chemically crosslinked with glutaraldehyde [J]. Materials Science and Engineering: C, 2008, 28(4): 539-548.

[71] ABITBOL T, JOHNSTONE T, Quinn T M, et al. Reinforcement with cellulose nanocrystals of poly (vinyl alcohol) hydrogels prepared by cyclic freezing and thawing [J]. Soft Matter, 2011, 7(6): 2373-2379.

[72] ZHANG S, ZHANG Y, LI B, et al. One-step preparation of a highly stretchable, conductive, and transparent poly (vinyl alcohol)-phytic acid hydrogel for casual writing circuits [J]. ACS Applied Materials & Interfaces, 2019, 11(35): 32441-32448.

[73] LIU D, SUN X, TIAN H, et al. Effects of cellulose nanofibrils on the structure and properties on PVA nanocomposites [J]. Cellulose, 2013, 20(6): 2981-2989.

[74] CHEN K, ZHANG S, LI A, et al. Bioinspired interfacial chelating-like reinforcement strategy toward mechanically enhanced lamellar materials [J]. ACS Nano, 2018, 12(5): 4269-4279.

[75] DUFRESNE A. Nanocellulose: potential reinforcement in composites [J]. Natural Polymers, 2012(2): 1-32.

[76] DA CUNHA M A A, CONVERTI A, SANTOS J C, et al. PVA-hydrogel entrapped Candida guilliermondii for xylitol production from sugarcane hemicellulose hydrolysate [J]. Applied Biochemistry and Biotechnology, 2009, 157(3): 527-537.

[77] 孟立山, 詹秀环, 姚新建. 聚乙烯醇水凝胶的制备及其溶胀性能 [J]. 化工技术与开发, 2010(8): 13-14.

[78] 顾雪梅, 安燕, 殷雅婷, 等. 水凝胶的制备及应用研究 [J]. 广州化工, 2012, 40(10): 11-13.

[79] SANNINO A, NETTI P A, MENSITIERI G, et al. Designing microporous macromolecular hydrogels for biomedical applications: a comparison between two techniques [J]. Composites Science and Technology, 2003, 63(16): 2411-2416.

[80] SPILLER K L, LAURENCIN S J, CHARLTON D, et al. Superporous hydrogels for cartilage repair: evaluation of the morphological and mechanical properties [J]. Acta Biomaterialia, 2008, 4(1): 17-25.

[81] SHI X, HU Y, TU K, et al. Electromechanical polyaniline-cellulose hydrogels with high compressive strength [J]. Soft Matter, 2013, 9(42): 10129-10134.

［82］TAKESHITA H, KANAYA T, NISHIDA K, et al. Gelation process and phase separation of PVA solutions as studied by a light scattering technique ［J］. Macromolecules, 1999, 32(23): 7815-7819.

［83］TAKAHASHI N, KANAYA T, NISHIDA K, et al. Effects of cononsolvency on gelation of poly (vinyl alcohol) in mixed solvents of dimethyl sulfoxide and water ［J］. Polymer, 2003, 44(15): 4075-4078.

［84］RICCIARDI R, AURIEMMA F, DE ROSA C, et al. X-ray diffraction analysis of poly (vinyl alcohol) hydrogels, obtained by freezing and thawing techniques ［J］. Macromolecules, 2004, 37(5): 1921-1927.

［85］LAM E, MALE K B, CHONG J H, et al. Applications of functionalized and nanoparticle-modified nanocrystalline cellulose ［J］. Trends in Biotechnology, 2012, 30(5): 283-290.

［86］SHIZUKA H. Excited-state proton-transfer reactions and proton-induced quenching of aromatic compounds ［J］. Accounts of Chemical Research, 1985, 18(5): 141-147.